前　言

　　关于教育,这让很多家长都感到困惑,相信在大家心里,教育从来没有像现在这样让我们感到每天都是新的。社会在变,环境在变,过去适用的教育方法到了今天就不一定适用了,所以作为家长要随着环境的变迁,不断地对自身的教育方法进行调整,才能适应长大的孩子以及不断变化的社会。

　　在中国有这样一个普遍现象,即家庭的教育方式不是来自学习与探索,而是来自传承。父母的教育经验往往是从上一辈的教育方式中获得。这不是错误,却是种遗憾。因为很多过去的经验都已经无法适应今天的发展。所以,当父母仍然依照许多老的经验,秉持一种强烈的责任心为孩子铺设人生道路,并在陪伴孩子行走的时候,可能并没有意识到轨道的偏离。这种潜在的教育危机比任何教育过程中可能遇到的困难都要可怕。父母必须觉醒,并且改变自己的观念,将自己的教育理念由继承转变为探索和学习。

　　情商(EQ)又称情绪智力,是近年来心理学家提出的与智力和智商相对应的概念。它主要是指人在情绪、情感、意志、耐受挫折等方面的品质。以往认为,一个人能否在一生中取得成就,智力水平是第一重要的,即智商越高,取得成就的可能性就越大。但现在心理学家普遍认为,情商水平的高低对一个人能否取得成功也有着重大的影响作用,有时其作用甚至要超过智力水平。性格则是指一个人在对现实的稳定的态度和习惯了的行为方式中表现出来的人格特征。家长在教育孩子的过程中,不能忽视对孩子情商和性格的教育。如果在孩子幼小的时候,就让他接触情商和性格教育,给他一个温暖、鼓励、健康的成长环境,创造足够多的与同龄人

1

交往和交流的机会,教他们如何控制或平息愤怒、焦躁、忧郁等不良和消极情绪和性格,这对他们的一生都能起到最积极的作用。

一个经常被焦虑、愤怒等消极情绪和性格困扰且不知如何摆脱的孩子肯定难以成为班上的学习尖子。一个与集体格格不入因而常常"形单影只"的孩子也往往缺乏自信、缺乏出类拔萃的内在动力。那些在挫折面前不知所措的孩子往往难以在失败后重整旗鼓、迎头赶上。同时过分冲动,不善控制愤怒以及不善理解别人情绪也是导致犯罪的主要原因。

本书没有满篇的道理,只有最直接实用的"计策";没有枯燥的说教,只让你在会心一笑间拉近你同孩子的距离;没有遥不可及的故事,一切都是发生在你身边的事情。希望这本书能在教育孩子的情商和性格方面给您提供一些帮助。父母教育的胜利,才是孩子的胜利。

编　者

别让
情商和性格
误了孩子

吴 芳 编著

民主与建设出版社

图书在版编目（CIP）数据

别让情商和性格误了孩子/吴芳编著．—北京：民主与建设出版社，2009.6

ISBN 978－7－80112－927－7

Ⅰ．别…　Ⅱ．吴…　Ⅲ．①少年儿童－情绪－智力商数－培养　②少年儿童－性格－培养　Ⅳ. B842.6　B844.1

中国版本图书馆 CIP 数据核字（2009）第 090070 号

ⓒ民主与建设出版社，2009

责任编辑　闵　建

封面设计　杜　帅

出版发行　民主与建设出版社

电　　话　（010）85698040　85698062

社　　址　北京市朝阳区朝外大街吉祥里 208 号

邮　　编　100020

印　　刷　香河县宏润印刷有限公司

成品尺寸　170mm×230mm

印　　张　16

字　　数　200 千字

版　　次　2009 年 7 月第 1 版　2011 年 12 月第 2 次印刷

书　　号　ISBN 978－7－80112－927－7/G・394

定　　价　26.00 元

注：如有印、装质量问题，请与出版社联系。

目　录

第一章

走进异彩纷呈的情商和性格花园

1
诠释情商的内涵

　　情商(EQ)又称情绪智力,是近年来心理学家提出的与智商相对应的概念。它主要是指人在情绪、情感、意志、耐受挫折等方面的品质。以往认为,一个人能否在一生中取得成就,智力水平是第一重要的,即智商越高,取得成就的可能性就越大。但现在心理学家普遍认为,情商水平的高低对一个人能否取得成功也有着重大的影响作用,有时其作用甚至要超过智力水平。那么,到底什么是情商呢?

　　美国心理学家认为,情商包括以下几个方面的内容:一是认识自身的情绪。因为只有认识自己,才能成为自己生活的主宰。二是能妥善管理自己的情绪,即能调控自己。三是自我激励,它能够使人走出生命中的低潮,重新出发。四是认知他人的情绪。这是与他人正常交往、实现顺利沟通的基础。五是人际关系的管理,即领导和管理能力。

　　情商的水平不像智力水平那样可用测验分数较准确地表示出来,它只能根据个人的综合表现进行判断。心理学家还认为,情商水平高的人具有如下的特点:社交能力强,外向而愉快,不易陷入恐惧或伤感,对事业较投入,为人正直,富于同情心,情感生活较丰富但不逾矩,无论是独处还是与许多人在一起时都能怡然自得。专家们还认为,一个人是否具有较高的情商,和童年时期的教育培养有着密切的关系。因此,培养情商应从

小开始。

　　情商是一种能力,情商是一种创造,情商又是一种技巧。既然是技巧,就有规律可循,就能掌握,就能熟能生巧。只要我们多点勇气,多点机智,多点磨练,多点感情投资,我们也会像"情商高手"一样,营造一个有利于自己生存的宽松环境,建立一个属于自己的交际圈,创造一个更好发挥自己才能的空间。

2

情商之旅

（1）情商与智商的区别

智商（Intelligence Quotient，简写成 IQ）是用以表示智力水平的工具，也是测量智力水平常用的方法，智商的高低反映着智力水平的高低。情商（Emotional Quotient 简写成 EQ）是表示认识、控制和调节自身情感的能力。情商的高低反映着情感品质的差异。情商对于人的成功起着比智商更加重要的作用。智商和情商，都是人的重要的心理品质，都是事业成功的重要基础。它们的关系如何，是智商和情商研究中提出的一个重要的理论问题。正确认识这两种心理品质之间的差异和联系，有利于更好地认识人自身，有利于克服智力第一和智力唯一的错误倾向，有利于培养更健康、更优秀的人才。首先，智商和情商反映着两种性质不同的心理品质。智商主要反映人的认知能力、思维能力、语言能力、观察能力、计算能力、律动的能力等。也就是说，它主要表现人的理性的能力。它可能是大脑皮层特别是主管抽象思维和分析思维的左半球大脑的功能。情商则主要反映一个人感受、理解、运用、表达、控制和调节自己情感的能力以及处理自己与他人之间的情感关系的能力。情商反映个体把握与处理情感问题的能力。情感常常走在理智的前面。它是非理性的，其物质基础主要与脑干系统相联系。大脑额叶对情感有控制作用。

其次,智商和情商的形成基础有所不同。情商和智商虽然都与遗传因素、环境因素有关,但是,它们与遗传、环境因素的关系是有所区别的。智商与遗传因素的关系远大于社会环境因素。据英国《简明不列颠百科全书·智力商数》词条记载:"根据调查结果,约70%~80%智力差异源于遗传基因,20%~30%的智力差异系受到不同的环境影响所致。"情商的形成和发展,先天的因素也是存在的。例如,"人类的基本表情通见于全人类,具有跨文化的一致性。"(《情感智商》,潘云明主编,中国城市出版社,第22页)美国心理学家艾克曼的研究表明,从未与外界接触过的新几内亚人能够正确地判断其他民族照片上的表情。但是,情感又有很大的文化差异。民俗学研究表明,不同民族的情感表达方式有显著差异。儿童心理学研究表明,先天盲童由于社会交流的障碍导致社会化程度的影响,其情感能力相对薄弱。人类学研究表明,原始人类的情感与文明人的情感有极大差异。他们易怒易喜,喜怒无常,自控能力很差。美国有的人类学研究者认为,人类童年时代的情感控制能力很弱,以今天的眼光看,很像是患有集体精神病。从近代史研究中也可以看到,人的情感容易受到社会环境的影响,人总是有着根深蒂固的从众心理。第二次世界大战时期德国的社会情感,充分说明了这一点。

最后,智商和情商的作用不同。智商的作用主要在于更好地认识事物。智商高的人,思维品质优良,学习能力强,认识深度深,容易在某个专业领域做出杰出成就,成为某个领域的专家。调查表明,许多高智商的人成为专家、学者、教授、法官、律师、记者等,在自己的领域有较高造诣。情商主要与非理性因素有关,它影响着认识和实践活动的动力。它通过影响人的兴趣、意志、毅力,加强或弱化认识事物的驱动力。智商不高而情商较高的人,学习效率虽然不如高智商者,但是,有时能比高智商者学得更好,成就更大,因为锲而不舍的精神使勤能补拙。另外,情商是自我和他人情感把握和调节的一种能力,因此,对人际关系的处理有较大关系。其作用与社会生活、人际关系、健康状况、婚姻状况有密切关联。情商低的人人际关系紧张,婚姻容易破裂,领导水平不高;而情商较高的人,通常

有较健康的情绪,有较完满的婚姻和家庭,有良好的人际关系,容易成为某个部门的领导人,具有较高的领导管理能力。

（2）培养孩子情商有方法

①鼓励孩子的同情心。要让孩子关心爱护他人,亲身经历是必不可少的。某些了解中的情商技能,尤其是人际关系,只有通过亲身经历、体会才能有效地在情感大脑中发育出来。例如:给别的小朋友擦眼泪、帮病人拿药……

②诚实与正直。诚实和正直是必不可少的良好品德,所以,从小就应该教会孩子具备这两种品德,而且要始终如一地要求下去。随着孩子年龄增长,对诚实的理解会有所改变,但标准不应该有任何改变。

孩子很小时,就可以和他共同欣赏某些图书和电视节目,玩建立信任的游戏,了解孩子隐秘内心的变化,并不失时机地与他们讨论诚实和伦理道德问题。

③培养负面道德情感。惭愧感和内疚感不是坏的情感,只要使用恰当,便能有助于培养有道德的孩子。如何恰当使用惭愧感和内疚感,要根据孩子的性格而定,但它们的恰当使用可以使全家成为一个新的整体。

④现实地看待、思考。给孩子讲述正面的故事是培养孩子现实思考能力的最好方法,不管是你自己编的,还是读现成的。如果你能现实地思考自己的问题,你的孩子也绝对能学会这种本领。不要向孩子隐瞒真相,即使那是件极端令人痛苦的事情。

⑤培养孩子的乐观主义。孩子们应该养成乐观向上的性格,从而能更好有效地对付忧郁症等身心疾病。与孩子相处时,父母必须乐观一点,孩子们最容易学到父母的言行。

⑥培养孩子自己解决问题的能力。孩子们能通过自己的经历学会解决问题。因此,父母应为他们提出问题,并让他们自己解决问题,不要总是插手其间。

⑦培养孩子的社会技能。

• 教会孩子掌握说话的技巧。说话技能可以帮助孩子得到社会门

票,从而为他们和社会接轨前作好准备。说话技能包括介绍自己的情况、询问别人的情况、表达你的兴趣和接受对方,等等。

● 给孩子快乐的源泉——幽默感和愉悦感。尽管孩子们讲笑话和使别人发笑的能力因人而异,但每个孩子都有欣赏幽默的才能。不同年龄,幽默的作用也不一样,但在他的一生中,自始至终都有助于与别人相处,应付一系列问题。

● 教会孩子交友的技巧。交友对孩子来讲,绝不仅仅是有一起玩的伙伴那样简单,这为他今后步入社会打下了良好的基础。尽管大人不可强迫孩子与别人相处,但可以用实例来告诉他朋友在他生活中的重要作用。要让孩子有机会掌握与自己年龄相适应的交友技巧。

⑧培养自我激励。事实证明,父母越是对孩子抱有希望、抱有信心,孩子对自己的期望值也就会越高,无疑这对孩子的成长是极有好处的。因此父母应要求孩子勤奋学习,多花时间帮别人做事、干家务、阅读书籍以及了解外面的世界。为孩子提供机会,使他们掌握自己学习的方方面面。

⑨坚持不懈,持之以恒。大多数孩子对努力和能力概念的理解有所偏差,他们会错误地认为只有能力强的人成功机会多,努力是没有用的。这个发育上的变化要由父母来补偿,父母可以培养他们持之以恒的精神。

3
诠释性格的密码

性格是一个人对现实的稳定态度和习惯化的行为方式。良好的性格养成是孩子人生中的重要一步，对孩子有着不可估量的意义：良好的性格是道德的基础；是事业成功的保证；是人生幸福的主要条件；是智能发展的强大动力。

这里讲"养成"是指孩子性格的培养是潜移默化式的，是父母身教重于言传进行的，要以不教而教。

①加深与孩子之间的感情。在培养快乐性格的过程中，友谊起着重要作用，所以父母要加深与孩子的感情，鼓励孩子与同龄人一起玩耍，让他们学会愉快融洽地与人交往。

②孩子提供决策的权利。养成快乐性格与指导、控制孩子行为有着密切的联系，父母要设法给孩子提供机会，使其从小就知道怎样使用自己的决策权。

③孩子调整心理状态。要使孩子明白，有些人一生快乐，其秘诀在于具有适应力很强的心理状态，这使他们很快地从失望中振作起来。在孩子受到挫折时，可为他指出前途总是光明的，使他在恢复快乐心情的环境中寻找安慰。

④克制孩子的物质占有欲。

让孩子拥有一个自由安乐的环境非常重要。这包括两方面：一是孩子个体的活动空间，即使孩子没有自己的房间，也要让他拥有自己的私人领域，如一张布满孩子作品的书桌，一面贴满孩子绘画的墙，甚至从天花板上挂下来的他的画、手工作品；二是温馨的家庭气氛也很重要，它可以奠定孩子良好的适应基础，对健全个性的培养、创造力的发挥有密切的关系。那么，什么才是良好的家庭气氛呢？

①父母不要在孩子面前互相攻击。我们并不完全禁止父母在孩子面前吵架，有时候父母的争吵也会让孩子体会到感情的复杂性，学习面对父母真实的情感，有利于孩子情感的细腻、全面发展。但我们坚决反对父母争吵中的相互攻击，例如："你真无能！""瞧你一副黄脸婆的样子，哪还像个女人！""有本事去外面干点正经事，别在家里凶。"这些充满攻击性的言辞不但无益于夫妻间矛盾的解决，还会给孩子带来恐惧、不安、怀疑。

②制造温馨的家庭话题。经常制造全体家庭成员可以参与的话题对民主家庭的创建非常重要，这是父母与孩子最自然、最真实的沟通方式，例如：新买的家具摆在哪里最好，周末全家去哪里，讨论家庭的节日菜谱，谈论对一部电视剧的看法，社会中的热门话题带来的启示……在这些话题的谈论中，除了会取得彼此的沟通和理解外，还会令孩子感觉到被重视、被需要，从而强化家庭角色意识，父母价值观的引导也会被自然渗透，在话题的谈论中，父母应注意：不要打断孩子的说话；不要批评别人的观点或情感；让每个成员都有机会参与，但不要强迫。

9

4
走进缤纷多彩的性格花园

（1）性格的特征

①性格的态度特征。性格的态度特征,是指个体在对现实生活各个方面的态度中表现出来的一般特征。

②性格的理智特征。性格的理智特征是指个体在认知活动中表现出来的心理特征。在感知方面,能按照一定的目的任务主动地观察,属于主动观察型;有的则明显地受环境刺激的影响,属于被动观察型;有的倾向于观察对象的细节,属于分析型;有的倾向于观察对象的整体和轮廓,属于综合型;有的倾向于快速感知,属于快速感知型;有的倾向于精确感知,属于精确感知型。想象方面,有主动想象和被动想象之分,有广泛想象与狭隘想象之分。在记忆方面,有主动与被动之分,有善于形象记忆与善于抽象记忆之分等。在思维方面,也有主动与被动之分,有独立思考与依赖他人之分,有深刻与浮浅之分等。

③性格的情绪特征。性格的情绪特征是指个体在情绪表现方面的心理特征。在情绪的强度方面,有的情绪强烈,不易于控制;有的则情绪微弱,易于控制。在情绪的稳定性方面,有人情绪波动性大,情绪变化大;有人则情绪稳定,心平气和。在情绪的持久性方面,有的人情绪持续时间长,对工作学习的影响大;有的人则情绪持续时间短,对工作学习的影响

小。在主导心境方面,有的人经常情绪饱满,处于愉快的情绪状态;有的人则经常郁郁寡欢。

④性格的意志特征。性格的意志特征是指个体在调节自己的心理活动时表现出的心理特征,自觉性、坚定性、果断性、自制力等是主要的意志特征。自觉性是指在行动之前有明确的目的,事先确定了行动的步骤、方法,并且在行动的过程中能克服困难,始终如一地执行;与之相反的是盲从或独断专行。坚定性是指能采取一定的方法克服困难,以实现自己的目标;与坚定性相反的是执拗性和动摇性,前者不会采取有效的方法,一味我行我素,后者则是轻易改变或放弃自己的计划。果断性是指善于在复杂的情境中辨别是非,迅速作出正确的决定;与果断性相反的是优柔寡断或武断、冒失。自制力是指善于控制自己的行为和情绪;与自制力相反的是任性。

(2)小动作看性格

①低头——慢热型。讨厌激烈、轻浮的事情,不厌倦劳动,对朋友谨慎认真。

②托腮——紧张型。有服务精神,非常讨厌自己或他人做错误的事,对松懈型的对象表现很生气。

③手腕交叉——吃亏型。对事情有自己独特个性的看法,常常给人冷漠的感觉,有点自我主义。

④摸弄头发——不定型。有些情绪化,常常郁闷焦躁,对流行事物敏感。

⑤嘴咬手指——敏感型。秘密主义者,不喜欢向人裸露自己的心胸,常常逞强,但内心温柔。

⑥手握臂——保守型。经常用非理性的思维思考事情,看待人。当别人提出要求时一般不会拒绝。

⑦靠着物体——奋斗型。拥有冷酷性格的人喜欢靠着某样物体,有责任感和韧性。

⑧张望——顺应型。乐天派,对很多事情有兴趣,对朋友有好恶感。

（3）从坐姿看内心

坐着跷起二郎腿，表明他有不服输的对抗意识，如果是女性则表示她们对自己的信心，同时也显示出自己强烈的欲望。人在站立时，脚往往朝向心中惦念或追求的方向或事物。

（4）从字形看性格

字迹有棱有角说明书写者是个严谨慎重、意志坚定、观点鲜明、不会改变立场的人。字迹圆滑则性格随和、办事老练。字上部写得干净利落而又能紧紧护住下面的人有进取心、接受能力强、好学。

（5）从字体看性格

字体丰润笔画匀称、书写速度较快，说明他是个理解力强、忠于职守的人；字的结构严谨、方正以及点划都能体现力度者是个记忆力强、办事认真的人；字体方圆、长短、大小错落有致者，适应性及变通能力强；写大字的人多积极自信；写小字的人则慎重，拘泥小节。

5
趣味测试转转转

（1）您有一个高情商的孩子吗

问题：

①每次学校或班里有集体活动,孩子宁愿一个人闷在家里也不愿参加吗?

②有了一件新玩具,孩子喜欢一个人独自玩而不愿与其他孩子一起玩吗?

③换了一个新环境,孩子是否感到烦躁不安或心神不定?

④在家或在外,当孩子的意见被否定时,他的反应是否总是愤愤不平?

⑤与家人一起做游戏时,如果孩子输了,他是否沮丧不堪不想再玩下去了?

⑥去客人家吃饭时,孩子是否像在家里一样,不征求大人的同意,菜一端上来自己夹了就吃?

⑦孩子晚上独自在家时突遇停电,他通常的反应是否会打电话找父母或跑出去找其他大人来解决?

⑧当身边的亲人生病时,孩子是否会表现出关心、焦急、难过的情绪?

⑨放学回家后,孩子会不会给您多讲他在学校中经历的快乐事而不

是不高兴的事?

⑩您买了一大盒巧克力准备送礼,恰好您的孩子非常喜欢这种巧克力,但您警告他不准偷吃。当他独自面对那盒巧克力时,他是否会谨记着您的话而对诱惑无动于衷?

评分:

如果您对①②③④⑤⑥的答案为"否",⑦⑧⑨⑩的答案为"是",说明您孩子的情商发展良好。如果有两项以内(包括两项)问题的结果与给出的答案不一致,则说明孩子的情商尚在发展中,需要家长的进一步引导。如果两项以上结果与答案不一致,说明孩子情商发展的某一方面有所不足,您就要注意对孩子情商多加培养了。

分析:

这10道测试题的目的在于测试孩子对自身情绪的认知以及调节能力。具体涉及孩子的性格倾向、人格特质、心理适应性及自我控制力等几个方面的内容。

问题①②考察孩子的合群能力;问题③考察孩子对陌生事物或者环境的适应能力;问题④、⑤考察孩子克服挫折与困难的心理承受力;问题⑥考察孩子的个性成熟度,即孩子是否已具备基本的大局意识,懂得做事的计划与条理,知晓基本的礼节;问题⑦考察孩子对意外事故的反应能力;问题⑧考察孩子的品德特性,即孩子是否懂得宽容、关心、爱护他人;问题⑨考察孩子的性格倾向性,即孩子的个性外向还是内向、乐观还是悲观;问题⑩考察孩子的情绪、意志控制能力。

(2)您是一个高情商的父母吗

问题:

①家里遇到重大变故,您会故意避免让孩子知道吗?

②您会因为自己存在某些问题,因此就认为孩子的类似问题也可以容忍吗?

③孩子解决不了某个问题,您马上就插手吗?

④孩子拒绝对您谈论使他生气或烦恼的事情时,您会置之不理吗?

⑤您教过孩子如何放松身体以对付压力、病痛和忧虑吗?

⑥您帮助孩子交友吗?

⑦您对孩子是否坦率,即使是涉及病痛或下岗失业等痛苦话题?

⑧孩子抱怨某事太难或已经失败后,您仍然让他坚持试着做下去吗?

⑨您相信无论遇到什么问题,总有解决办法吗?

⑩您是否曾在孩子面前谈论过自己的失误?

评分:

如果您对①②③④的答案为"否",⑤⑥⑦⑧⑨⑩的答案为"是",说明作为父母的您在培养孩子情商发展的做法上是正确的。如果其中有某一项或几项与答案不符,说明您的教导方式还有些误区,需要改进或修正。

分析:

父母是孩子的第一任老师,父母处世的方式、教育的方法往往会对孩子的成长造成巨大的影响。以上10道测试题主要涉及父母如何引导孩子控制、调节情绪,教育孩子形成乐观、自信、勇敢、奋斗等良好的品格。这些问题在日常生活中经常会碰到,但每个父母的应对几乎都不一样,父母们可以以此测试一下自己的教育方法是否正确。

第二章

破坏与创造，只是一线之隔

1

给孩子创新的机会

（1）给孩子创新的机会

①为孩子的"破坏"行为正名。许多父母在生活中都会有同样的体会：平时省吃俭用为孩子买来玩具，不到几天，就被孩子摆弄得支离破碎，体无完肤。每当看到这种情景，父母常会对孩子的这种"破坏"行为大加制止，轻者斥责，重则打骂。

实际上，拆玩具的行动，大多数孩子都存在，这正是聪明孩子玩玩具的意义所在。许多富有创造性的孩子在玩玩具时，并不满足于表面的摆弄、按规矩操作，他们玩的更大兴趣是通过"破坏玩具"，从中了解它的内部结构和原理。孩子这种"破坏行为"都是有前因的，这前因就是孩子头脑中的疑问，如："小汽车为什么会走？碰到障碍为什么会转弯？""绒毛小猴子为什么能翻跟头？""布娃娃怎么会叫唤？""小闹钟为什么会报时？""人是怎么钻到收音机里去说话的？""钟表的三根指针为什么走的速度不一样？"等等。

儿童在玩玩具的过程中，观察到许多对他们来说非常奇妙的现象，继而产生了种种疑问，他们希望能尽快地看个究竟，找出答案。因此，他们带着"好奇"，不知深浅地拆开了玩具，甚至家中的贵重物品。孩子的这种"破坏行为"正是他们探索世界奥秘的萌芽，也是他们创新思维的启蒙。

如果父母为了爱惜玩具，不允许孩子任意摆弄、拆卸玩具，这个玩具对孩子来说就失去了许多实践、解疑的良机，压抑了孩子探索世界的浓厚兴趣，扼杀了孩子的创造性潜能。孩子所失去的价值是千金难买的，它远远超过了玩具本身的价值。

②智慧从玩玩具中获得。

● 不要责备孩子玩玩具。有些家长看到孩子不是规规矩矩地玩，马上就采取禁止的、命令的方法作为对孩子的惩罚；还有些家长认为玩玩具或做游戏不能增长知识和智慧，是白白浪费时间。我们常常听到父母责备自己的孩子"不知道爱惜玩具，是个败家子。一天到晚就知道玩，也不爱学习，将来长大了一定没出息"。其实，玩耍也是儿童的一种学习方式。孩子在玩中学习，能增长知识，培养能力。许多人不懂儿童心理，不了解儿童的年龄特征，认为孩子玩游戏是"不务正业"，将大人的意志强加到孩子身上，强行中断孩子的兴趣活动，只让孩子规规矩矩地玩，不给越雷池一步的机会，甚至剥夺孩子玩的权利。这种只允许孩子学习课本上的东西的方法，使孩子的活动范围过早地局限在狭小的领域里，势必影响孩子智力的开阔性与广泛性，特别是创造潜能的发展。

● 拆玩具不是坏习惯。对孩子的"破坏性玩耍"不应该用硬性禁止的方法，而应该耐心引导。首先父母应告诉孩子，有些玩具可以拆，有些玩具不能拆，家中非玩具性物品，特别是贵重物品更不能拆，如电脑等。其次要为孩子选择可拆装的玩具。在选择玩具时，有些家长认为越贵越好，但事实上许多价格昂贵的电动玩具并非有利于孩子的智慧发展，一些拆装性玩具却是价廉物美，有助于开发孩子智力，锻炼孩子的动手能力。

对于有"拆东西毛病"的小学生来说，玩具仍然是必要的。这时的"玩具"含义就更广了，它已经远远超出了商店玩具柜台的范围。任何东西都可能成为孩子的玩具。家长可以将家里准备淘汰的东西让孩子去拆，如坏钟表、收音机等。也可以给孩子买一些组合模型，如航模、船模。还可以买半导体零件，让孩子学装半导体收音机。

● 指导孩子还原玩具的本来面目。许多孩子对玩具或物品只知道

拆,不知道还原。让玩具还原成本来面目,在拆装过程中能帮助孩子更透彻地了解物品或玩具的操作原理。但是,组装玩具的难度要比拆玩具更大,孩子经常因装不上而放弃尝试。在这种情况下,父母应耐心对孩子进行指导、启发。每当孩子组装了一个玩具,使拆散的玩具恢复原样时,他们会从中体验到巨大的成功,了解到玩具的内在价值。对此,家长应该肯定孩子的劳动成果,和孩子共享成功的喜悦,这样不仅使孩子学到知识,增强自信与探索欲望,而且也让孩子知道珍惜玩具或物品了。

日本著名企业家、教育家井深大曾经这样说:"对于孩子来说,拆卸玩具也许正是他们玩的目的……如果大人在孩子正专心致志地拆玩具时加以制止,与其说是教育,倒不如说是干涉,反而失去了育人的机会。"父母要给孩子自由玩耍的时间,让孩子自由地想象、自由地创新,因为这样可以获得父母不能给他们带来的知识与独立操作能力。父母应该意识到,可能在拆装玩具的过程中就塑造了一个未来的工程师;在玩弄泥沙游戏过程中就培养了一个未来的建筑师;在玩过家家的过程中就孕育了一个未来的教师或医生。

③放开手脚激发孩子的灵气。兴趣是孩子潜能的显示器,也是培养孩子智慧与能力的最好营养品。但是有少数家长不顾孩子的兴趣,按照大人的意愿,无情地中断孩子的自发兴趣,造成孩子智力发展的"营养不良",使孩子智慧生长的幼芽过早地枯萎了。致使许多孩子上小学和中学后,不知自己的兴趣是什么,到了青年时期,也就什么兴趣也没有了。父母应该在孩子玩耍的过程中去发现他们的灵气与爱好,找出能使孩子喜笑颜开的那种兴趣。

(2)家庭教育如何培养孩子的创新意识

在大力提倡创新教育的今天,家庭教育如何培养孩子的创新意识呢?

①转变传统教育观念。在传统的家庭教育中,家长往往一味要求孩子听话。孩子上幼儿园要听老师的话,在家要听大人的话,不管是否合理,其结果是以家长的愿望和兴趣、思维和意志强制孩子接受,从而泯灭了他们的创新意识和自主行为。所以,改变把孩子作为家长的隶属物的

家教观念,改变不平等、不尊重孩子的家教意识,树立"开放性"、"科学性"、"家庭、社会和学校立体教育性"的观念,实现家教观念的转变,是培养孩子创新意识的前提条件。

②培养孩子的兴趣。伟大的科学家爱因斯坦说过:"兴趣是最好的老师。"兴趣是孩子学习、进行创造活动的内在动力。孩子对事物有了浓厚的兴趣,就会全身心地、主动地去探索、去求知,并在学习上产生莫大的愉悦和积极的情感,从而不断进行新的尝试、新的探索。因此,要为孩子创设有利于发展创新能力的条件、情境和场所,时刻注意对孩子进行创新兴趣培养,尊重孩子的兴趣爱好,给他们自由选择的机会,让他们大胆想象、勇于创新。

③鼓励孩子动手动脑。著名教育家陶行知先生曾呼吁要解放孩子的头脑,解放孩子的双手,让他们自己动脑去想,动手去做。孩子自己动手动脑,对培养创新意识大有益处。所以家长要鼓励孩子多提问题,能提出问题说明孩子在动脑筋思考,好提问题说明孩子有强烈的求知欲和探索精神,所以要予以鼓励。对孩子提出的问题,家长也不必每问必答,有些问题应启发孩子动脑思考,让他自己寻找答案。

④积极引导孩子探究。当有人问大科学家爱因斯坦为什么会有那么多创造时,他说:"我没有什么特别的才能,只不过喜欢刨根问底罢了。"积极探究是创新意识的先导,所以要保护孩子的探索欲望,积极引导、支持孩子的探究行为,以孩子的探究行为为起点,萌发他们的创新意识,培养他们的创新能力。由于孩子的自身特点,他们的探究行为常有明显的兴趣性,甚至表现为某种破坏性。除了一些让人感到好笑的行为外,孩子们还经常为了弄明白为什么钟表会走、收音机里有人说话等问题,而大胆地拆卸,摆弄所有的零件。面对孩子类似的探究行为,家长不能简单地训斥,而要了解他们这样做的原因,并为他们提供充分的条件实现他们的探究活动,满足他们强烈的探究愿望。

⑤发展孩子的想象力。想象力是创造的翅膀,没有想象就没有创造。对于孩子来说,想象比知识更重要,它对孩子一生创造力的发展有重要意

义。因此,家长应尽量发掘孩子进行活动的想象功能,促发想象。对于孩子富有想象力的图画,凭自己想象拼搭的东西、自编的故事等,都应该给予肯定和赞赏。千万不要用成人的标准去要求和评价孩子的创作。

⑥多带孩子走进大自然。美丽的大自然给人类的生活增添了色彩,同时它也是诱发孩子智力开发的外部刺激。这种画境式的环境刺激对儿童的智力开发具有很强的推动作用,有助于培养孩子的观察力、想象力与探索兴趣。因此,家长应经常带孩子走进大自然,引导孩子观察花鸟虫鱼,了解动植物的生长与变化,欣赏大自然美景,探索大自然的奥秘。这些都是培养孩子创新意识的基础。

总之,遵循孩子身心发展的客观规律,保护和培养孩子好奇、好问、好动的天性,掌握科学的家庭教育方法,培养孩子的创新精神和创新能力,这是现代家庭教育的重要历史使命,每一位家长都要承担这一历史责任,才能用双手托起明天的太阳。

2
发现孩子的特长

（1）如何发现孩子的特长

随着时代的进步、信息的拓展，现在的孩子，个个见多识广。孩子是祖国的未来，是祖国的花朵，每位家长都对自己的孩子寄托着无限的希望，望子成龙、望女成凤，就成为做家长的普遍心愿。其实，正如人们的手指有长有短一样，所有的孩子也各有不同，各有特长，如何使自己孩子的特长得以最大地发挥，这是自己的孩子能否成龙成凤的关键所在。现在，有许多家长对如何教育子女不加以研究，不善于发现自己孩子的特长，而是一味地让孩子学习、学习、再学习，当然这并没有什么错，但却未必能使孩子的特长得到最好的发挥。

①如何做自己孩子的第一个"伯乐"。我们知道"千里马"常有，而"伯乐"难寻。你的孩子或许原本是一匹很好的千里马，但由于你没有及时地发现，没有及时地挖掘孩子的潜能，使原本很好的一匹千里马因未能得到及时发现而被埋没，成为一匹再普通不过的马。如何使孩子能成为"千里马"，应该说这里有着许多的学问。家长要成为自己孩子的第一个"伯乐"。作为父母，对自己的孩子应该了解最深，自己的孩子有什么爱好、特长，孩子喜欢什么，不喜欢什么以及有哪些缺点等，自己都了如指掌。在这样的情况下，我们就可以想尽一切办法，让自己孩子的特长得到

最大发挥。其实"千里马"的成长少不了"伯乐"的功劳，没有"伯乐"的存在，即使"千里马"存在，也不能使人发现。只有独具慧眼的人才能发现那些具有"千里马"潜能的人。平时我们就要注意观察孩子，即使孩子一个小小的特点，我们做家长的非但不要放过，而且还必须将孩子的这些特点加以放大和引导，或许这也正是你孩子成为"千里马"的一个重要基因。当然，这也给我们做家长的提出了很高的要求，不然怎能培养出"千里马"来呢？

②如何去发现孩子的特长。在我们身边的孩子，有的喜欢唱歌、有的喜欢跳舞、有的喜欢画画、有的喜欢下棋……那你的孩子又喜欢什么呢？其实，孩子喜欢什么，与他所处的生活环境以及他经常接触的一些事物是分不开的，同时，这也离不开家长的引导。那么，做家长的如何去发现和引导呢？每个孩子都喜欢家长能多多给予表扬，因此，你只要多表扬他两句，他就会为你很好地去努力。同样的一件事用不同的话语，对孩子所产生的效果绝对不同。打个简单的比方，比如你的孩子在学习画画，明摆着他今天画的画没有昨天画得好，你是斥责他："你怎么画的，还没有昨天画得好，叫你好好画，你怎么搞的！"甚至顺手再打上两巴掌，这是一种方式。如果我们换成这样一种方式跟孩子说："哦，宝贝儿，你画得不错，真好，不过呢我看这里好像画得有一点点问题哦，来给我再画一张，我相信你能画好。"这样他一定会感兴趣地为你再画上一张，而且肯定会比刚才那张好。其实，兴趣是最好的老师，如果一种是迫于家长的压力而去作画，而另一种则是根据自己的兴趣来画，哪种方法更加好些，那就要家长朋友自己去衡量了。

③注意让孩子尽可能地向一些其他孩子少学或不学的门类发展，如果你孩子的音乐感觉比较好，你可以让你的孩子学习作曲或指挥什么的；如果你孩子画画好，你可以让孩子学面塑、雕塑等。总之，不要大家弹奏钢琴你也让你的孩子弹奏钢琴，大家唱歌你也让你的孩子唱歌。当然，如果你的孩子确实在这方面特别优秀也不是不可以，关键是要适合你的孩子，使他产生兴趣，这样往往会起到事半功倍的效果。

（2）怎样发展孩子的特长

①怎样发现孩子潜在特长。

第一条：能出色地记忆诗歌和电视播放的专栏乐曲。

第二条：善于观察父母的心情，领悟父母的忧与乐。

第三条：善于辨别方向，极少迷路。

第四条：落落大方，动作优雅，懂礼貌。

第五条：爱伴随乐器的弹奏唱歌。

第六条：爱提些怪问题。

第七条：给孩子朗读时，要是你更换了经常朗读的故事里的某个词，孩子就会说读错了。

第八条：喜欢自己动手，什么东西都一学就会。

第九条：特别喜欢模仿戏剧或电影人物的动作或对白。

第十条：乘车时，对经过的站名或路标记得清清楚楚，并向你提起什么时候曾经来过这个地方。

第十一条：喜欢倾听各种乐器发出的声响，并能根据音响敏捷地判断出是什么乐器。

第十二条：喜欢东写西画，物体勾勒得形象逼真。

第十三条：爱把玩具分门别类，按大小和颜色放在一起。

第十四条：善于把行为和感情联系起来，如说"我生气了才这样干的"。

第十五条：喜欢给人讲故事，而且讲得有声有色。

第十六条：善于描述所听到的各种声响。

第十七条：看见生人时，会说"他好像是某某人"之类的话。

第十八条：善于判断能做什么、不能做什么。

您的孩子如果第一、八、十五条表现突出，可能具有语言才能；

如果五、十一、十六条突出，可能是个音乐苗子；

如果六和十三条表现突出，说明有逻辑数学方面的天赋；

如果三、十和十二条表现突出，说明有丰富的空间想象能力。

②如何发展孩子的特长。从发现孩子的特长到最后来培养和发展孩子的特长，这个过程很重要。

我们可以观察的是孩子的兴趣爱好，看看他们平时都喜欢做什么，然后慢慢地引导和支持他们的爱好。有可能的话，尽量给他们一些空间和时间去做他们想做的事情，因为在他们在做自己喜欢的事情时不喜欢被别人打断或阻止。当然，假如你并不赞成你的子女的兴趣爱好，首先是站在他们的角度上去考虑一下，然后再慢慢地与你的儿女进行善意的沟通；而不是强迫他们来做一些他们不想做的事情，这样的话，孩子们不仅不会发挥他们的兴趣和天分，反而会适得其反。比如现在的家长们都叫他们的子女学一门乐器，像钢琴。家长们的思路是对的，可是这样去强求孩子们，甚至是逼他们学钢琴，效果便会很不理想。相反，假如你尝试着让孩子们自己去选择他们的兴趣爱好，不但可以事半功倍，而且你也不会被子女埋怨。

作为家长的我们要学会给予孩子自己放松的时间，让他们沉浸在音乐之中，舒缓一下情绪，放松一下心情，这些对孩子来说都是有百利而无一害的。

3
不要扼杀孩子的创造力

任嘉又开始进行他的"创作"了。不过他进行"创作"的地方通常不会在爸爸为他准备的画纸上,他喜欢拿着小刀在任何一个可以留下痕迹的地方搞"创作"。家里的写字台、椅子、地板,甚至墙壁上,到处都是他的"作品"。

爸爸很生气,甚至有一种夺下孩子手里的小刀重重扔在地上的冲动,但是看得出来,他正在努力压制自己的怒气。他走过去,看着趴在地板上正用心"创作"的儿子刀下的一幅"蓝天白云",惊奇地发现事实上如果不是刻在了不恰当的地方,儿子的作品其实还是有几分观赏性的。爸爸忽然有了一个想法:"儿子,我想带你去一个地方。"

当任嘉出现在少年宫版画教室门口的时候,他松开了一直牵着爸爸的手。看到教室里的孩子们手拿刻刀专心创作的样子,任嘉的眼睛里绽放出新奇与渴望的光芒。

一切都被爸爸看在眼里,他对儿子说:"想加入他们吗?"

"嗯!"任嘉用力点头。

爸爸笑了,因为他知道,最重要的,并不是儿子以后都不会在家里"搞破坏",而是真正地开始创作了。

案例分析：

　　这是一个聪明的父亲。在关键时刻控制住自己的情绪非常重要。如果爸爸真的采用了"夺下刀重重扔在地上"的教导方式，只不过能抑制孩子一时的不当行为，而不是解决问题的最好办法。爸爸没有发怒，而是让自己静下心来思考孩子的问题。他没有带着有色眼镜去看待孩子的行为，而是试着从孩子的不当行为中寻找值得欣赏的地方，这是问题的突破口所在。孩子没有足够的能力识别和控制自己的行为，但爸爸的这种处理方式就很好地遵循了塑造孩子良好个性的一条重要的准则，就是不要扼杀孩子的创造力，促进孩子潜能的发挥。

4
让孩子有所为有所不为

茵茵的妈妈是第三次被幼儿园的老师找去谈话了,原因是茵茵和别的孩子不太一样,总爱在上课的时候"走神",下课也不爱和小朋友们一起玩,喜欢自己躲在教室里做别的事情。老师说这个孩子"太不合群",担心会影响她今后的发展,无法适应长大以后的团队生活。

妈妈也有些着急,她决定和茵茵好好谈谈。

"茵茵,今天老师找妈妈到幼儿园去了,你知道为什么吗?"

茵茵低下头:"我知道,是我又犯错误了。"

妈妈尽量让自己的声音显得温和:"不,不是茵茵犯错了。不过的确是有一点小小的问题,茵茵愿意和妈妈谈谈吗?"

"好。"茵茵有点高兴地抬起头,显然妈妈的语气和跟她说话的方式让她觉得很有安全感。

"那茵茵能不能告诉妈妈,为什么下课的时候不愿意和小朋友们一起玩呀?"

茵茵撇撇小嘴,很不以为然地说:"他们玩的游戏好幼稚的,我不喜欢和他们一起玩。"

"那茵茵自己一个人在教室里做什么呢?"

谈到这个问题,茵茵表现出很有兴趣的样子:"我在看故事书呀。"

"原来茵茵喜欢看故事书啊,那么茵茵在上课的时候也是在想故事书里写的故事吗?"

"不是的,"茵茵摇摇头,"我是在想自己写的故事啊。"

妈妈明白了。她思索了一下,决定了要跟女儿说些什么。

"茵茵原来是一个会写故事的孩子啊。妈妈真高兴,我的女儿这么棒!"

茵茵很兴奋:"妈妈你想不想看我写的故事啊?"

"妈妈当然想看了。但是茵茵希望不希望自己写的故事今后有更多的人可以看到呢?"

茵茵点点头。

"妈妈告诉茵茵,能写出好多好看的故事给别人看的人叫做作家。但是当一个作家可不是一件容易的事情哦。一个好的作家要懂得很多方面的知识,要善于观察身边的人和事,这样才可以写出精彩的故事。所以,上课的时候听听老师讲的知识,下课的时候和小朋友一起开心地玩一玩,茵茵才可以写出更好看的故事。"

茵茵好像明白了点什么,但还是对妈妈说:"可是我喜欢看故事怎么办呢?"

"不如妈妈和茵茵做一个约定好了,茵茵在幼儿园的时候专心听讲,多和小朋友在一起。等茵茵下课了以后,妈妈带茵茵去少儿写作训练班,在那里有可以教人把故事写得更好的老师,还有很多和茵茵一样喜欢写故事的朋友哦。"

茵茵立刻高兴地回答:"好!"

案例分析:

在茵茵的事件中,妈妈选择了最好的处理方式——全面教养与特长培养相结合。妈妈并不急于纠正女儿的"错误",而是通过和女儿的谈话了解原因,再通过循循善诱的方式,既让女儿在与朋友相处的健康环境中长大,又着重引导培养女儿天赋的发展。从事创造性工作的人,思维模式往往与别人不太相同。世界上许多有成就的人,在年少时都有或多或少

的"怪癖"——就是行为与别人有所差异。有天赋的孩子通常会对课堂上老师讲述的内容和重复的练习感到枯燥无味，因此很容易"分神"，进入自己的思维世界。但是据调查发现，有天赋的孩子在除了课堂以外的很多领域都比自己的同伴表现得更好，尤其是在他们感兴趣的领域，会表现出异于常人的才能。其实，与其让这样的孩子埋没在团体行动中，不如想办法培养孩子在团体生活中的独立能力。加德纳的多元智能理论在提出人的能力多元化的同时也指出，只要给儿童提供合适的环境条件，每个孩子都可以在 7 种智能方面获得"合格"的发展，但最终只是在一方面或有限的几方面形成特长，而不是所有方面都可以达到特长标准。因此在家庭个性化教育中家长要处理好全面发展与特长培养相结合的原则，让孩子有所为有所不为。

5
鼓励孩子走进探索之门

　　陶陶对什么事情都很好奇。有时他是个"问题"少年,问一些奇奇怪怪的问题,比如"鱼为什么不眨眼睛?""白天星星都跑到哪里去啦?""为什么到了冬天我们的鼻子嘴巴里都会喷白雾?"这类的问题。有时他又变成个"破坏专家":他拆开闹钟,想知道里面是谁在报时;他挖开花盆里的土,想看看里面的种子怎么生根发芽;他还把小猫从楼上扔下去,看它是不是真的有九条命?爸爸妈妈带他去逛商场的时候,他也总是充满了好奇,只顾着去看那些琳琅满目的商品,甚至有一次还跑丢了,迷了路。

　　爸爸妈妈有一点苦恼,但是他们也发现,这个孩子其实是个很聪明的孩子。于是爸爸妈妈给陶陶买了一套《十万个为什么》,告诉他很多他好奇的问题在书里都有答案。有时爸爸妈妈反而喜欢问陶陶"为什么",看着儿子自豪骄傲地告诉他们问题的答案,爸爸妈妈觉得很欣慰。爸爸妈妈还把陶陶的好奇心引向大自然,带他去看春天里的各种植物、池塘里的小蝌蚪、太阳的升起和落下,还买回蚕宝宝让他喂养。

　　陶陶懂得的知识越来越多,他不断地发现和提出问题,又依靠自己已有的知识来探索未知的知识来解答心中的疑惑。

案例分析:

　　这对父母在陶陶的教育过程中扮演了优秀的引导者的角色。面对孩

子对事物的新奇,他们没有强行地遏制或是表现出厌烦,反而用书籍和实践来满足孩子的好奇心,鼓励他探索,使孩子在探索的过程中得到了创造美的享受。柏拉图说:好奇者,知识之门。心理学家将好奇心定义为:个体对新异刺激的探究反应。对新鲜的事物和现象,人都有着去了解和探索的本能。对于初涉世事的孩子来说,身边的世界是那么陌生、新鲜和神秘,在他的心灵中充满了探索、求知的欲望,这宝贵的好奇心正是他智慧的火花,更是促使他学习的原动力。研究证明,一个富有好奇心的人能够保持旺盛的求知欲,在获得知识的过程中体验乐趣,这种乐趣又会激励他不知疲倦地去探究未知的领域,促进其智力的发展。

6
让孩子自己选择

　　可儿加入钢琴训练班已经三个多月了,但是依然没有什么进步。妈妈很着急,老师也觉得奇怪,因为这个小女孩的智力和接受能力都没有什么问题,但不知为什么,她的进度就是赶不上班上的其他同学。

　　妈妈忍不住跟爸爸提到了这件事情。爸爸想了想,问:"当时带可儿去培训学校的时候,是她自己选的钢琴培训,还是你帮她选的呢?"

　　妈妈说:"当然是我选的了,现在谁家的孩子不学钢琴啊。想想我小时候,多盼望能成为一个钢琴演奏家呀。"

　　爸爸说:"我知道问题出在哪里了,不如这样,让我去接可儿放学。"

　　爸爸接到可儿,路过小提琴班的教室的时候,发现可儿的脚步慢了下来,还不停地向里张望。爸爸不动声色,第二天就给可儿改报了小提琴训练班。可儿虽然没说什么,但是样子却很高兴。

　　一个月过去了,可儿的小提琴演奏进步神速,老师夸她是班上最有天赋的学生,还让她代表学校参加市里举办的比赛。

案例分析:

　　在可儿的事件里,父母不同的处理方式和态度产生了不同的效果。妈妈以自己的选择作为女儿的选择,希望女儿能实现自己未曾实现的梦想,并没有考虑到女儿是否接受和感兴趣。而爸爸的方式更为恰当,他在

对问题进行分析以后，观察孩子的举动，尊重孩子的兴趣为孩子做出了合适的选择。尊重是人的心理需要之一，每一个个体都有尊重和被尊重的需要。尊重孩子独特的个性特征，是为孩子朝着适合自己所爱、所向、所能、所长的方向发展创造条件，走适合孩子个性特点的独特之路。尊重孩子就是尊重孩子的自主权，尊重其个性、行为方式和兴趣爱好，不强迫孩子接受自己的价值观和兴趣，不以自己的好恶规定孩子的发展方向，不强迫孩子实现自己未曾实现的理想。

第二章

帮助孩子打开交际的大门

1
让孩子走出家门

　　孩子在休闲娱乐的时候,喜欢跟同龄伙伴在一起。这是儿童对友谊需要的一种表现,同时也是社会性发展中不可或缺的内容。

　　友谊是和亲近的同伴建立一种特殊而稳定的亲密关系。在建立关系的过程中,他们之间相互学习交往、合作和自我控制的能力,为以后建立和谐的人际关系打下良好的基础。对于这一点,有的家长没能充分认识到,总是以安全、卫生之类的理由不让孩子踏出家门,也不让孩子将同伴带进家里来。为什么孩子们总喜欢上公园、动物园、游乐园等场所去玩呢? 这固然是因为那里有许多他们感兴趣的东西,更为重要的是那里有许多同龄人,尽管彼此之间并不认识,但是作为其中的一分子,他们有一种群体的归属感,不会感到孤独。

　　因此,请让你的孩子走出家门吧!

　　①暑假是孩子们进行自我调节、放松的休整期。孩子们不仅可以利用这段时间到处旅游增长见识,还可以参加社会实践活动,来丰富自己的阅历。然而,现实生活中,许多孩子却因为自身性格和家庭的原因成为足不出户的"大家闺秀",导致他们不喜欢户外活动,更不喜欢与人交往。

　　暑假期间孩子不出门、出门少的情况在不少家庭都存在。放暑假了,许多双职工父母没时间带孩子,为了安全起见,只好把孩子往屋子里一锁

了事。殊不知，如此对待孩子的方式，很容易造成孩子与社会的脱节，与人交往能力差。久而久之，还会对孩子的性格有消极的影响。

②正值暑假，家长面对"足不出户"的孩子该如何做呢？父母不妨利用开学前的一段时间，积极鼓励孩子走出家门，与人交往。

● 家长可以利用暑假这段时间帮孩子制订出合理的活动计划，使孩子走出家庭范围这个小圈子。比如，邀请孩子的同学来家里玩，给孩子足够的交流空间；与孩子结伴参加户外或者集体活动，如旅游、参加夏令营等，在这个过程中使孩子结交更多新伙伴；让过于腼腆、害羞、不善于表达的孩子参加语言、形体训练班，从而使孩子在与人交谈的过程中也能信心百倍。

● 家长要注意在培养孩子与外界交流的过程中，时刻给予孩子积极的心理暗示，比如孩子主动叫邻居的叔叔、阿姨时，家长就可以用"看，我的孩子多懂事"或者"我的孩子真有礼貌"等话语去鼓励他们，使孩子敢于去面对外人、表达自己。但是家长们要谨记，说这些话时一定要真诚，虚假的表扬只会适得其反，让孩子们产生更大的抵触和逆反心理，这样不仅不利于孩子们与外界的交流，反而使性格孤僻、内向的孩子们变得越来越不好意思。

此外，家长们还可以在休息的时候，邀请自己的朋友或同事来自己家玩，或者带着孩子到朋友家做客，这样会使孩子在无意中体会到原来自己的爸爸、妈妈是这样与朋友相处的。孩子便会模仿自己父母与朋友的相处交流方式建立并维护自己的朋友圈。

③大多数人只习惯在自己家里生活，最多在自己家附近转悠，而忽略了更多的人生驿站。他们是现代社会中的井底之蛙，封杀了自己发展的机会。

你应该到家之外的世界看一看，看看世界上还有些什么人，他们和你有哪些不同？古人也教导我们，读万卷书，行万里路。他们在强调阅历的重要，没有丰富切实的人生感受，读再多的书也没有用，也不可能真正参透其中的道理。中国古代大史学家司马迁，年轻时就游历甚广，这为他后

来的《史记》创作既提供了很多第一手的资料，又为他真切地感知人生奠定了深厚的基础。

走出家门之后，你一下子就会发现，世界确实很大，很精彩，很富有，可它们都是别人的。在家中，你是妈妈的掌上明珠；在外部世界里，你什么也不是，谁也不会把你当回事。当你对世界初次接触的那种新奇感消失后，你会发现很多让你很沮丧的事情。离开了你熟悉的环境，你一下变得很孤单、陌生、无助，找一个吃饭、睡觉的地方也很不容易，又费钱，又不舒服，完全不符合你的习惯。甚至连买一张车票这种很琐碎的事情，你也无能为力。至于那些偶发事件，更是让你恼火。身处在这个世界中，你实实在在地感到你是一个外地人，口音不同，没有亲人。古人说："在家千日好，出门一时难"。此时的你是最有体会。但这个世界也并非全坏，虽然它充满了凶险，但也充满了机遇。

到大世界转了一圈又回到家中，你才发现你真正长大了，眼界开阔了，心胸更大了，对他人或事物的理解有些接近人情了。只是你的心思多了，肩上的担子开始重了。回想起在外面的见闻，那些磨难，那些沮丧，那些烦琐的事情以及那些不以你的意志为转移的事物，它们让你明白了世界的繁复和人生的艰辛。自己独立面对世界，你才有了独立做人的机会。那些"风雨"和"世面"，磨砺了你人生的经验，你生命中最宝贵的独立品性出现了。

知道了大世界的存在，有了大世界的感觉，在大世界中生存，这才是孩子人生的真正开始。没有能力时，你的孩子只是世界的一个旁观者，他得到的只是冷遇、挫折和被牺牲。当他有了足够的能力后，他将是世界的支配者，世界将献给他鲜花、微笑和更大的自由。这时，对他已不仅仅是一个看世界的问题，而是如何分享世界的博大、丰富、资源、文明和机会。让你的孩子现在走出家门，仅仅只是开始，而不是结束。

2
协调好人际关系,走向成功

(1)人际交往是人们社会生活的重要内容之一

人际交往是人们社会生活的重要内容之一,自我的发展、心理的调适、信息的沟通、各种不同层次需求的满足、人际关系的协调,都离不开人际交往。每一个人,都希望善于交往,都希望通过交往建立起和睦的家庭关系、亲属关系、邻里关系、朋友关系、同学关系、同事关系……而这些良好的社会关系可以使个人在温馨怡人的环境中愉快地学习、生活和工作。但在实际的交往过程中,总是或多或少地存在着一些不尽如人意的地方,影响了人际交往的正常进行。

社会心理学的研究表明,那些在人际交往中颇受好评、很得"人缘"的人一般具有以下特点:乐观、聪明、有个性、独立性强、坦诚、有幽默感、能为他人着想、充满活力等。当然,不是说这些特点都具备才能拥有好的人际交往。而那些在人际交往中不太受人欢迎的人也具有以下几个特点:自私、心眼小、斤斤计较、孤傲、依赖性、自我中心、虚伪、自卑、没有个性等。有了以上的参照标准,大家就可以对照自己,扬长避短。当然,在人际交往中,最主要的是坦诚,每个人都是独立的个人,不能丧失自我。阿谀奉承、随声附和并不能换来良好的人际交往。

①如何在人际交往中正确地估量自己和别人。古语说得好:"人贵有

自知之明"，何为"贵"？贵，说明其难。正确地认识自己的确不是一件容易的事。在错误的自我估量中，对交往妨碍最大的莫过于自卑和自傲。

自卑，即对自己的知识、能力、才华等做出过低的估量，进而否定自我。自卑的人在交往中，虽有良好的愿望，但总是怕别人的轻视和拒绝，因而对自己没有信心，很想得到别人的肯定，又常常很敏感地把别人的不快归为自己的不当。有自卑感的人往往过分地自尊，为了保护自己，常表现得非常强硬，难以让人接近，致使在人际交往中变得格格不入。

自卑心理源于心理上的一种消极的自我暗示，很多心理学家指出，自卑感和本人的智力、受教育程度、所处的社会地位等因素无关，而仅仅是对"自己不如他人"的确信。所以，要克服和预防自卑心理要做到以下方面：

• 要敢于正视自己的不足。金无足赤，人无完人，每个人都有自己的优、缺点。对于一些不可改变的事实，如相貌、身高等，完全可以用别处的辉煌来弥补，大可不必自惭形秽。

• 要正确地与他人相比。自卑心重的人往往很善于发现他人的长处，这本身不是坏事，可是他老是用别人的长处和自己的短处比，不是激发起奋起直追的勇气，而是越比越泄气，从而贬低、否定自己，以偏概全。

其实，人各有所长，自己不可能事事都强过别人，反过来也一样。见贤思齐应当鼓励，但这其中还有一个量力而行的问题，所以，要防止和克服自卑感，还要注意不可对自己提出过高的要求，在选择目标时除考虑其价值和自身的愿望外，还要考虑其实现的可能性。与其追求那些不切实际的东西，还不如设立一些较为现实的目标，采用"小步子"原则，不断地使自己得到鼓励。最后一点，要锻炼自己的心理承受能力，不要因为一次失败而一蹶不振，或因自己某一方面的过失而全盘否定自己。

自傲与自卑相比，也源于错误的自我估量。自傲者喜欢高估自己，在交往中表现为妄自尊大、自吹自擂、盛气凌人，而且不愿和自认为不如自己的人交往，这样的人当然不会受到别人的欢迎。自傲者一旦受挫，往往

会较为自卑。自傲者必须学会尊重别人,善于发现别人的优点,这样才有利于客观评价自己,还要学会严于律己、宽以待人。

②为什么有的人不能从人际交往中得到快乐? 人是社会的动物,人际交往是我们每个人的一种需要。在人际交往中,过分留心、处处算计、总怕吃亏上当,这当然得不到快乐。可以说,这样的人还没有领悟人际交往的真正内涵,因此也无法体验到交往中的快乐。两人互相交换一个苹果;还是一人一个苹果;两人互相交换一个主意,一人就有了两个主意,这个例子是交往内涵的一个体现。此外,交往的意义还在于增大了个人的心理空间,减少彼此的心理距离。这些都是人的一种心理需要、社会需求。

消极的情绪,如不快、痛苦、愤怒、失望等,会影响人际交往的正常进行,这一点不言而喻。这些消极情绪的产生,可能来自某种压力或者受挫,或是某种失落。每个人都要学会在生活中处理这些不良情绪,这也是个人成长的一种重要表现。现代社会主张个性独立,人际交往也日益复杂,如果说在一些场合,或和某些人的临时性的交往需要一些表面的客套、应酬,那么,建立和发展深入持久的人际交往,最重要的是坦诚相见,表达真实的自我。"水至清则无鱼,人至察则无友",人们并不喜欢那些假扮的圣人。当然,如果是自己身上存在着明显的缺点,理应努力克服和改正。人们在人际交往中不断审视、认识自己和他人,不断领悟人生,这是人际交往的内涵之所在。

(2)怎样使人际交往能顺利进行

知人者智,自知者明,能否正确地认识和了解他人,同样关系到人际交往能否顺利进行。要走出对他人认知的心理误区,需注意以下几个方面:

①不以第一印象作为取舍判断的标准。第一印象,它往往最深刻,而且常会成为一种基本印象而影响对他人各方面的评价。俗话说,先入为主,讲的就是这个道理。人们很重视给别人的第一印象,但也该看到,第一印象得之于较短时间的接触,又无以往的经验作参照,主观性、片面性

43

较强。所以，一定要注意其消极的一面，既不能因第一印象不好而全盘否定，又要防止被表面的堂皇所迷惑。"金玉其外，败絮其中"，这样的例子也屡见不鲜。要练就一番透过现象看本质的本事，在长期的相处中全面、正确认识和了解他人。

②不因一时一事评价人。某人刚犯了一个大错误，于是就有人发现，他从来就不是好人。这是近因效应在作怪。在较为长期的交往中，最近的印象比最初的印象更占优势，这是一种心理惯性。由于这种惯性的作用，人们往往会以最近的印象来评价人。另外，还有所谓的"光环"效应，某人的一种优点、优势放大变成了笼罩全身的"光环"，甚至原来的缺点也被掩盖或者蒙上了一层夺目的光彩。这种对他人认知的最大失误就在于以偏概全。"窥一斑而知全豹"并不总是适合于一切的人和事，个别和局部并不一定总是能反映全部和整体。在人的诸多行为或性格特征中抓住某个好的或不好的就断定他是好人、坏人，无疑是幼稚而片面的。

③切莫先入为主，第一印象固然是一种先入为主的态度，除此之外，在我们的头脑中，总有一些固有的、得之于各种途径的观念，并常常以此来评价和判断他人，因为这样做所耗费的心理能量最少，也就是说，它最省事。但是，图省事往往会造成一些认知偏差。什么美国人开放，英国人保守，商人精明世故，农民老实本分……这些说法虽与某些人的特征相吻合，但绝不是个个如此，还要"具体问题具体对待"。人如其面，各不相同，不能用概念来衡量人，把人简单化。

④掌握一定的社交技巧。交往中的技巧犹如人际关系的润滑剂，它可以帮助人们在交往活动中增进彼此的沟通和了解，缩短心理距离，建立良好的关系。很多存在人际关系障碍的孩子都是由于沟通技巧的缺乏所造成的。很多孩子都说，他们在与自己比较熟悉的人交往时能表现得很自如，但与不太熟悉的人交往时往往很被动、拘谨、畏缩，不知该如何与他们相处。很多人由于缺乏交流和人际交往的技巧，往往容易对人际交往失去兴趣，并造成在人际交往的场合处于被动、孤立的境地，而且容易因不能恰当表达自己的想法而限制了自己的发展。对许多人来说，如果意

识到自己在社交和人际交往方面缺乏必要的技巧,应采取主动的、积极的方式,去逐步改善自己的人际交往问题,而不应一味地回避。

事实上,社交技巧是多种多样的。如增强人际吸引力、幽默、巧妙批评、语言艺术等。对孩子来说,在树立了人际交往的勇气和信心之后,在人际交往中要掌握的技巧主要是培养成功交往的心理品质和正确运用语言艺术。成功交往的心理品质包括诚实守信、谦虚、谨慎、热情助人、尊重理解、宽宏豁达等。语言艺术的运用包括准确表达、有效倾听、文明礼貌等。这些都有助于提高交往艺术,并取得较好的交往效果。当然,不能在人前畏畏缩缩、谨小慎微,应信心十足、精神抖擞,又落落大方、不卑不亢。

总之,在人际交往中要树立自信,提高自己各方面的素质,勇于实践,善于总结,在学习中实践,在实践中学习,不断完善自己,丰富自己,逐渐走向交往成功,走向人生成功。

3
一个问候,也许可以改变一切

20 世纪 30 年代,一位犹太传教士每天早晨,总是按时到一条乡间土路上散步。无论见到任何人,总是热情地打一声招呼:"早安。"

其中,有一个叫米勒的年轻农民,对传教士这声问候反应冷漠。在当时,当地的居民对犹太人的态度是很不友好的。然而,年轻人的冷漠,未曾改变传教士的热情,每天早上,他仍然向这个一脸冷漠的年轻人道一声早安。终于有一天,这个年轻人脱下帽子,也向传教士道一声:"早安。"

好几年过去了,纳粹党上台执政。

这一天,传教士与村中所有的人,被纳粹党集中起来,送往集中营。在下火车、列队前行的时候,有一个手拿指挥棒的指挥官,在前面挥动着棒子,叫道:"左,右。"被指向左边的是死路一条,被指向右边的则还有生还的机会。

传教士的名字被这位指挥官点到了,他浑身颤抖,走上前去。当他无望地抬起头来,眼睛一下子和指挥官的眼睛相遇了。

传教士习惯的脱口而出:"早安,米勒先生。"

米勒先生虽然没有过多地表情变化,但仍禁不住还了一句问候:"早安。"声音低得只有他们两人才能听到。最后的结果是:传教士被指向了右边——意思是生还者。

人是很容易被感动的，而感动一个人靠的未必都是慷慨的施舍、巨大的投入。往往一个热情的问候，温馨的微笑，也足以在人的心灵中洒下一片阳光。

不要低估了一句话、一个微笑的作用，它很可能使一个不相识的人走近你，甚至成为你的知己，成为你开启幸福之门的一把钥匙，成为你步入柳暗花明之境的一盏明灯。有时候，"人缘"的获得就是这样"廉价"而简单。

4
让孩子在同伴中长大

（1）让孩子到他们自己的群体中去

①两三岁的孩子，像妈妈的小影子一样，整天跟在妈妈屁股后面，寸步不离；其次最亲的人，就是爸爸。在这个年龄，妈妈、爸爸整天对孩子絮絮不休地说着话，给他讲故事，教给他怎样称呼长辈、熟人和朋友，还用自己的一举一动，潜移默化地影响着孩子。在这个年龄，父母对孩子最初的社会化影响最大。对这一点，无论普通老百姓，还是心理学家、教育家，都没有什么争论。

当孩子长到五六岁时，情况稍稍有了点变化。有的父母会说，孩子变得"自己有主意了"、"不那么听话了"。举一个人人都不会反对的例子：假如您的孩子不爱吃某一种食物，您无论怎么说他都不听，但如果让他跟五六个同年龄的孩子一起吃饭，那几个孩子都吃这种食物，而且吃得很欢，结果怎么样？同样地，一个一到医院打针就大哭的孩子，妈妈劝大概不太管用，但如果让他和几个同年龄但不怕打针的孩子一起打针，他会怎么样？

这真是一种神奇的力量，这里有人的社会化的深奥原理。

孩子挑食，本来不是一种社会行为，人人生来有自己的口味、爱好，无可厚非。但是，当妈妈、爸爸怎么劝，他还不吃的时候，已经有了一点社会行为的成分。父母看到孩子不喝牛奶，不吃鸡蛋、肉，不吃蔬菜时，急得恼

火、生气,孩子却无动于衷,他的行为造成了别人的痛苦,挑食行为的性质就发生了变化。尤其是当他看到别的孩子都吃这种食物,自己也跟着吃的时候,这种行为就更属于社会行为了。在大多数情况下,这样的孩子是一到同伴中,就吃,回到家里,还是不吃。吃与不吃这种食物,对孩子有了社会意义。如果他在孩子中不吃而别人都吃,他也许怕别人笑话,也许要显示自己不比别人差,也许什么也没想,只是对同龄伙伴的单纯模仿。不管怎么说,是同伴这个"社会"终于改变了他的口味,改变了他挑食的习惯,而家庭这个"社会"则对他无济于事。

再举一个我们经常忽略的例子。一对夫妻带着刚出生不久的孩子从广东调动工作到了北京。这对夫妇的普通话说得不好,即使要说,也是带着浓重的广东口音,把"吃饭"说成"七饭",把"是不是"说成"细不细",等等。他们在家里完全说广东话,对孩子也说广东话。可是非常奇怪,当孩子长到三四岁时,说的却是一口北京的普通话。他在跟别的孩子抢玩具时,绝不会把"这不是你的"说成"界不细你的"。当他长到十五六岁时,他就更是像别的孩子一样,说着满口北京"京片子"的话了。

语言学家大概不关心这种现象,但心理学家、社会学家关心。他们把这种儿童说话口音从父母的方言向当地同龄孩子口音的"投降"看做由于群体社会化机制在起作用。并且因此认为,当儿童长到一定年龄时,周围群体的力量会慢慢超过家庭的影响力,而占据主导地位。

这样的例子在世界历史上多得很,其中最典型的是美国夏威夷岛上外来移民的语言演变。19世纪初,一批移民来到夏威夷开荒、种植甘蔗。他们来自世界各地,有不同的母语。最初,为了相互交流,他们创造了一种从语言学角度看很不完善的"皮金"语。这种语言没有介词、定冠词,动词不变位,也没有固定的词序。大约一百年后,移民的后代又创造了一种新语言"克列奥尔"话。这种语言发展相当完善,可以表达非常复杂的意思和思想。"克列奥尔"话的产生过程很有趣。当最初创造了这种话的年轻人回到家里时,跟他们的父母仍然说"皮金"语,但一出家门,就和同伴讲"克列奥尔"话。而他们的父母一直到死,也没有几个人会讲"克列奥尔"话。

今天,仍然可以看到类似的现象,十三四岁的中学生,有他们自己的一套东西。从穿着、发型、说话的口气和用词,到所爱好的音乐和形形色色的明星,他们大多不会回到家里跟父母滔滔不绝地讲这些事,他们越来越觉得跟父母没有共同语言。他们也不会傻到经常干多数同学都恨的一些事,如向老师打小报告。一旦一个班的学生都认为某个老师不好时,他们会齐心协力地和这个老师作对,背地里说他的坏话,给他起外号。现在已经当了父母的人,青春年少时大多有这样的经历。

②我们对孩子的影响力有我们自己想的那样大吗? 有些父母在孩子心目中威望很高,其原因是多方面的,要么本人有很高的成就,要么有个性的魅力,要么有高尚的德行。但上述任何一种条件都不能构成在孩子心目中有威望的充分必要条件,因为还缺一个基本条件:能够和孩子像朋友和伙伴那样地交流思想。就是说,只有孩子觉得父母在某种程度上和自己周围的同龄伙伴一样时,他才能真正地和你讲真话,和你交流,你在他心目中才有威信。

在那些父母子女矛盾重重的家庭,除了其他形形色色的原因外,一条带共性的原因是,父母不愿意承认自己的影响力小于孩子的同伴,他们努力地向孩子施加影响,从穿着、发型、打扮,到兴趣、爱好、职业前途,都处处不放弃自己的"统治权"。如果他们的观念陈旧,他们的价值观和情趣恰恰跟孩子的群体不一致,他们和孩子的矛盾就是不可避免的,无法克服的。所以希望这样的家长还是放聪明些,想想自己的青少年时代,该向孩子妥协的事,就痛痛快快地妥协吧! 须知,您的这条"胳膊"是无论如何也拧不过成千上万的青少年这条"大腿"的。

如果自己的孩子还小,您也应该"风物长宜放眼量",当孩子慢慢长大时,您自己也应该慢慢地寻找自己在教育、影响孩子中的作用和地位的"感觉",放心地让孩子在他们自己的群体中去完成他的社会化。

(2)当前孩子们的一系列心理缺陷

就当前我国情况来看,独生子女在人格社会化过程中存在着心理缺陷。独生子女与非独生子女相比较可以看出,他们的主要特点在于"独"。

在分析独生子女心理缺陷的同时,我们不得不承认,相比较非独生子女,独生子女也具有自身的优势。例如,在接受新事物的意识和能力方面非常强,思维独立,具有批判精神;自信、富于同情心;有较强的平等意识、法律意识和自我保护意识;积极的休闲态度,兴趣爱好广泛;等等。但是,我们也应该意识到他们人格社会化过程中的一系列心理缺陷。

①自尊、自傲与自卑的矛盾心理。自尊、自傲、自卑心理的交错发展是我们人类心理活动的一个特点。这一特点对独生子女来说表现得尤为明显。自尊心是推动青年不断上进的一种动力。一般来说,年轻人的自尊心、自信心都较强烈,他们珍视荣誉、顾惜名声、自信好胜、勇于进取,他们希望能在别人的心中具有一定威信,唯恐被别人轻视、小看,但是相互间不服气,又不情愿受社会规则的约束,因此,在人际交往中缺乏公平的意识,在组织团队活动中很难统一大家的想法。由独生子女和非独生子女相比较来看,独生子女具有更强的自尊心。他们从小就生活在父母、亲朋的赞誉之中,始终将脑袋高高地昂起,长期形成自认为自己才是最好的意识。同时,由于独生子女在家庭中的特殊位置,家长在他们的成长过程中,会过多地关爱,造成他们生活一帆风顺,丧失自主精神、自立能力的形成条件和机会,形成一种"优势心理"和自傲心理,致使自我评价发生偏差,只看到自己的长处,看不到自己的弱点、不足,很少意识到"天外有天,人外有人",盲目陶醉,一旦发现与想象不符,会导致他们产生一系列复杂心理,从自傲滑向了自卑。这种极不成熟的心理恰恰反映了独生子女不能客观公正地给自己定位。

②失去依附后的恐慌心理。由于独生子女从小就得到周到的关心和照料,普遍存在劳动观念薄弱、娇气等缺点。在上一代"苦了谁也不能苦了孩子"的观念影响下,他们一直生活在父母绵绵不断的宠爱里,处于被照顾、被关怀的角色,享受着无忧无虑的生活,从而形成心理上的依赖感;同时,由于家长的过分"保护",他们一直生活在父母设置的封闭型的圈子里,主要范围在家庭、亲友或要好的同学间,造成他们接触面太窄,实践机会少。尽管他们的人际交往无甚异常,但却是畸形的。在环境、角色变换时,他们的优势

就丧失了,心境没有来得及与环境的改变取得同步转变,于是他们就会变得无所适从,由此产生一种恐慌和逃避心理。所以就出现了有许多参加高考的独生子女不愿报考外地学校的现象,理由很简单,从来没有离开过父母。这充分暴露了与他们自信相反的一面——对失去依赖的恐慌。

③人际交往的冲突心理。独生子女交往能力较弱,解决人际冲突的能力偏低。由于家庭教育失当,非常多的独生子女长期生活在没有伙伴的环境中。同伴是一个人在成长过程中必不可少的人际交往对象,与同伴交流交往是认识自我、认识真实的社会生活,学做一个社会人的重要途径。在多子女家庭之中,同胞是最好的同伴。兄弟姐妹之间的行为往往使他们自然而然地学会了照顾他人、关心他人,学会了分享与协调等一系列的交往能力和解决人际冲突的能力。而随着独生子女家庭的增加,越来越多的独生子女失去了天然的同伴,他们必须走出家庭才能找到与同伴交往的机会。但由于家长们对孩子的过分关注,几乎没有人肯放手让自己的孩子与同伴一起自由来往。因而,他们与同伴之间的交往实际上仅仅局限于学校,在教师的直接或间接的监控之下进行。教师虽然能够意识到让独生子女学习与同伴交往技能的重要性,但由于教学计划与精力的局限,不可能给他们提供充足的交往机会和时间,同时也就无法使他们借助交往行为的自然后果去提高自己独立的解决人际冲突的能力,而以言语为主的教导只会导致他们口头上会说出许多与同伴友好相处的原则,真的遇到麻烦就会变得手足无措,要么向教师、家长求助,要么独自闷在心里。这不仅不利于他们的社会性发展,而且危及他们的心理健康。

④怯懦脆弱的意志心理。在顺境中长大的独生子女往往缺乏上几代人那样坚定的信仰和执著的追求,常常表现出意志薄弱、感情脆弱,遇到难题或畏惧不前,或张惶失措,遇到打击或一蹶不振,或沉沦、消极。在意志的自觉性、自制性、果断性、坚毅性方面表现不足。例如,有的独生子女大学生被老师批评、考试失利、同学之间发生矛盾、被他人误解等都会产生低沉、悲观、颓废等消极心态,更甚者会产生退学、自杀等念头,造成不良的后果。

5

给予孩子结识新朋友的机会

（1）鼓励和帮助孩子交友

对许多人来说，一生中最温暖、最持久的友谊是在童年时代建立的。许多孩子都会找到一个或几个和自己同悲同乐、共度童年的小伙伴。有些孩子交友有困难，只要给予适当的指点和帮助，就会改变状况。虽然父母不能控制孩子的全部社交活动，但可以通过以下方法鼓励和帮助孩子交友。

①多和伙伴接触。教育专家们说，父母们常犯的一个共同错误是总认为孩子会自然而然地找到自己的朋友。心理学家托马斯·伯恩特指出："一个孩子只有经常和朋友们在一起，才能增进友谊。因此，父母要为孩子交友牵线搭桥。"达耶和鲁斯夫妇一搬到加利福尼亚州，就忙着为四个孩子结识新朋友。他们不顾孩子们的反对，坚持让他们参加一个夏令营。从夏令营回来后，孩子们的态度发生了变化。13岁的艾伦说："参加夏令营活动的孩子们，要求我们今年秋天和他们上同一所学校。"达耶说："夏令营为他们建立友谊提供了一个机会，不然，我们的孩子到新学校就不认识任何人。"

②给孩子足够的选择余地。孩子需要大人的指导，也需要自己决定一些事。比如，父母常常为孩子的穿着和发型烦心，但专家们说，只要不

出格,最好让孩子们自己去体验。一个星期六,莫纳·奥杰达带着12岁的儿子贾森去逛商店。当孩子试穿一件她从未见过的鲜艳异常的衬衣时,莫纳十分惊讶,但孩子解释说:"我的朋友们现在都穿这种衣服。"当莫纳看着这件红、紫和金黄色交织的衬衫时,她回忆起自己十多岁时喜欢穿的一些衣服。她说:"当时我母亲认为我穿的衣服是稀奇古怪的,但通常还是让我穿。所以,我为贾森买了那件衣服。"

给孩子选择余地的另一个方面是挑选朋友。尽管父母希望孩子交朋友,但绝不愿意他们交错朋友。除非孩子遇到危险,最好是让孩子自己分辨哪种友谊值得,哪种友谊不值得。艾丽诺的儿子大卫13岁时交了一个朋友,艾丽诺发现儿子的朋友喜欢和人争辩,生活习惯也不好。这位朋友来家里玩,不经别人允许就到厨房里拿东西吃。艾丽诺向大卫提出来,但绝不强求孩子停止和这位朋友来往。很快在接触中大卫亲身感到这位朋友蛮横、粗俗,不再和他来往了。

③尊重孩子间的差异。孩子的社会需求是不同的,了解这点很重要。比如,并不是每个孩子都需要很多朋友。数量不等于质量。对有些孩子来说,一两个朋友就足够了。12岁的莎拉·凯勒是一个聪明、创造力强的女孩,喜欢跳芭蕾舞和弹钢琴。当她不是一个人玩的时候,她总是和一个最要好的朋友在一起。她9岁的妹妹雷切尔却恰恰相反。她们的母亲说:"我常开车送雷切尔去参加一个又一个社交活动。我曾劝说莎拉多出来活动活动,但我终于发现,莎拉的兴趣和雷切尔不一样。"

④培养广泛的兴趣,增强自信心。如果你不会游泳,你就不会被邀去游泳;如果你不会跳舞,你就不会被邀去参加舞会。孩子在某些方面有特长,就有了自信心,并为他们结识新朋友提供了机会。心理学家托马斯·伯恩特说:"友谊建立在共同兴趣的基础上。如果你的孩子朋友不多,那么就培养他们的广泛兴趣。这样,在参加共同的活动中可以建立朋友之间的友谊。"父母要帮助孩子在参加的各种活动中发现自己的兴趣。米切尔·伊顿13岁时,比其他同龄的伙伴瘦小,开展体育活动时,他总是躲在一边,也很少和同班同学到水滩上去玩。当他决定参加一项增加体

重的训练时,他的父母表示支持。几个月后,见了成效。他很快又和体育馆里的新伙伴参加了其他的体育活动,并要求自己在新的项目上也取得成功。

⑤为孩子做出榜样。记住别人的生日,并安排和朋友聚会的父母,以自己的言行告诉他们的孩子如何和朋友建立友谊,孩子会从父母和朋友的交往中学到很多东西。在许多家庭中,倾听别人意见、关心别人是作为家训世代相传的。班姆设法把父亲对待友谊的美德传给他13岁的儿子詹姆斯。班姆说:"最要紧的是,我希望他尊重和同情别人。我父亲就是这样和别人友好相处的。"没有比友谊更贵重的礼物。在充满爱心、耐心和温情的指教下,父母能使孩子们接受并学会这些方法。

(2)给孩子和家长的社交方案

"离开了熟悉的伙伴"是不少孩子对上学最担心的事,也是一些孩子入学后不适应的原因之一。而入学后,不像在幼儿园里什么事都可以找老师,与同学发生摩擦和矛盾时,孩子必须开始独立解决矛盾。

①操练认识新朋友的本领。帮孩子做一些必要准备。事先了解家庭周围有没有与孩子同龄同校的邻居,设法让他们认识,约好入学第一天一同上学。有了熟悉的朋友,孩子对小学生活会感到安全多了。

同时,带孩子外出玩耍时,对孩子进行"主动出击"(主动结交新伙伴)的训练:

● 主动介绍:"我叫×××,我想和你做朋友,你愿意吗?"
● 借物介绍:"我有一个小皮球,你愿意和我一起玩吗?"
● 参与游戏:"你们的游戏真好玩,能让我和你们一起玩吗?"

有了迅速认识新朋友的本事,孩子就不会担心自己在学校里孤单了。

②学会自己解决与伙伴间的冲突。鼓励孩子邀请朋友来家里做客,去别的小朋友家玩,给孩子创造更多和不同年龄的孩子接触的机会。当孩子们之间发生冲突时,家长不要充当调解员,鼓励他们自己解决。

平时,家长可以和孩子讨论,如果和小朋友遇到争执,该怎么做?比如,怎样和同伴一起玩一件玩具?别人想玩你的玩具时该怎么办?你想

玩别人手里的玩具时该怎么说?

③提高移情能力。所谓的移情能力,就是能站在对方的立场上想问题,能够理解别人的想法、做法。移情能力强的人,更容易与人沟通、交流,也更适应"合作型社会"。培养这种能力有一个简单的办法:看动画片、电视剧后,家长和孩子一起来交流剧情,让孩子站在不同角色的立场上叙述同一件事情。

④家长要善待孩子的朋友。对于孩子的朋友,你是关心他们的价值观和行为,还是无端地讨厌其中某个人,这是有天壤之别的。讨厌孩子朋友中的几个是正常的,但是,请记住下面几点:

● 对孩子的朋友切不可以貌取人,诸如发型、穿着打扮或是对音乐的选择。你应该尽量从孩子的角度来看他的朋友。

● 如果你的孩子与朋友不能总是友好相处,不要大惊小怪。哈佛大学教育学教授罗伯特·塞尔曼博士说:"青少年时期,有时孩子们会利用他们的朋友来培养自己的辩论技巧。那是一种健康的标志,但是父母可能会误解。"

● 注意你表达厌恶某位朋友的方式。请记住:用笼统的语言批评孩子很少见效,也许会适得其反,如"他不是那种你应该交往的孩子"。德克萨斯州教育心理学教授简·休斯博士说:"把你的评论集中在孩子具体的行为以及你的反应上。"

● 为孩子创造结交新朋友的机会。请记住:对于孩子的成长来说,具体的每一位朋友远没有友谊这个概念来得重要。仅仅动员孩子不要与某人交往很少会产生效果,特别是孩子朋友寥寥无几的时候,你得帮助孩子与你喜欢的人交往。

家庭是一所学校,每一位父母都是孩子的终身教师。孩子的健康成长与良好的家庭教育密不可分。家教并非一定要体现在对孩子学习的辅导上,更重要的是体现在对孩子的思想教育上,培养其良好的行为习惯,调动其学习的积极性、主动性。所以,在家教中可采用"望、闻、问、切"的方法来了解孩子的行为习惯、学习状态、思想倾向等,从而找到教育的契

机和突破口。

"望",就是观察孩子的行为举动、脸色表情等。孩子的一举一动都反映其所思、所想。比如,孩子饭量减小,也许肚子不舒服或是在外吃了许多零食;放学回家较晚,也许他在学校搞卫生或是上网吧了;一回家就钻进自己的房间,或深夜很晚还亮着灯,也许是他在看武侠、言情甚至黄色一类的小说;学校没什么活动,一吃了午饭就跑,也许是上街打电子游戏……家虽然不懂或不全懂他所学的内容,但从他作业书写是否认真、看看老师批改的情况,也可了解他的一些学习情况。另外,孩子的脸色表情,是孩子行为、思想的晴雨表。有的孩子因这样或那样的原因,在校内与同学发生了纠纷,回家不说;犯了错误被老师批评了,回家不说;在校外被人欺负了,回家也不说;在学校得到了老师的表扬,回家不好意思说……但这一切却写在他的脸上,眼睛是心灵的窗户,父母要学会读懂孩子的心情。

总之,父母要做有心人,时时留意观察孩子的行为举动、脸色表情,了解孩子的心情是好是坏、行为是否异常,继而有针对性地进行思想教育。

"闻",就是"听"孩子说话。孩子对校内外人、事、物的所见、所闻、所感,回到家常常会情不自禁地要说出来。这种时候,不管孩子说什么,即便是父母不喜欢的话题、不愿听的内容,父母都应该耐心细致地听,并让他说完,尽力给孩子创造一个良好的说话氛围。这不仅能提高孩子的语言表达能力,而且能培养其思维能力。孩子说话可能语无伦次或重复,某件事情的叙述可能抓不住要点,某种看法的表达可能不清晰。即使这样,父母也不要急躁、不耐烦。

在"听"的过程中,一边听一边帮他分析,说得好的要给予肯定,做得对的要给予表扬;说得不清楚、不正确的也要给予引导纠正。比如,孩子认为老师教育或学校管理等的"不是"之处,父母不应随意顺从、迎合孩子的意见,一定要客观、全面、公正地评说,别动不动就对学校或老师评头论足、说长道短。一个家长如果不能维护学校或老师的威信,那就容易使孩子对学校的管理产生抵触情绪,对老师的教育产生反感心理,不利于孩子的健康成长。

在家庭教育中，"问"也是一门艺术，"问"就是询问。做家长的应该掌握这门艺术。一方面要注意孩子的兴趣爱好，不要一张嘴就问学习成绩，这很容易使孩子反感；如果从孩子的兴趣爱好"问"起，孩子就会乐于回答。另一方面要尽力寻找孩子的"闪光点"。每一个孩子都有其优点、长处，父母从他的"闪光点"问起，孩子自然会愉快地回答。尽量切合孩子的生理、心理特点以及他所学知识的内容，不要问过深过难的问题，问题过难会使孩子因答不出而丧失自信心。最后分清时间场合，有外人在场时不要张扬孩子的弱点、短处，应顾及到其"面子"。另外，一次问话应有一个主题，不宜海阔天空、东拉西扯，不宜问得过多、过杂；问话语言应平易温和，不要咄咄逼人；问话语速应慢一点，轻言细语的，要给孩子充分的时间领会、思考。

而"切"，就是要走进孩子的内心世界，感受孩子思想脉搏的跳动。孩子的内心世界无比广阔丰富，具有模糊、变动、隐蔽、矛盾等特点，其思想意识、道德品质、行为规范，乃至人生观、世界观、价值观等都还处于形成期，尚没有定型，并且注意力容易转移，思想行为变化大。那么，怎样才能走进孩子的内心世界、与孩子的心灵产生共鸣呢？父母应为孩子营造一个和睦民主、轻松愉快的家庭环境，扔掉"一言堂"的专制作风，让孩子在父母面前敢于"表现"，勇于"表现"，乐于"表现"。一个能充分"表现"的孩子，其优缺点最明显，最便于父母进行有针对性的教育。另外，父母应思孩子所思，想孩子所想，站在孩子的角度去感知、体会、思考。父母应该成为孩子心灵的伙伴，成为孩子的知心朋友。

6
不要阻止孩子之间的异性交往

（1）让孩子大胆主动地和异性交往

在 20 世纪 80 年代以前，那时候几乎每个家庭中都有兄弟姐妹，在相处中，孩子自然地学习并认同了自己的角色，了解到男女有不同的生理和心理特征。但是，现在的孩子独生子女占大多数，在他们的性发育过程中，性角色认同不能在家庭中完成了，只能在学校和社会中去完成，是通过与异性交往来实现的。

现在，我们的老师和家长应该意识到，孩子同异性交往是很正常并且也很平常的事情，老师和家长不要太敏感，不要动不动就说孩子是早恋了。异性交往会有很多积极作用，能避免使孩子产生恋父或恋母情结，认识到异性之间需要尊重和平等。

有些老师和家长见到孩子与异性交往密切，恨不得马上就去制止。家长朋友们，你们要知道这个年龄段的孩子正是藐视和挑战权威的年龄，你越阻止的事情，孩子就越要尝试。好老师和明白的家长这时候要告诉孩子与异性交往的技巧和禁忌，而绝不是阻止。

我们老师和家长应该提倡孩子和异性孩子大胆主动地去交往。

一个人成长的过程中，正处于青少年时期的中学生是长知识、求上进的时候。这个阶段的心理特点是要求被人理解，要求摆脱被支配而谋求人格独立。在学习与生活中，有欢乐、有苦恼，有成功与失败、斗争与冲

突。他们需要倾诉、需要理解、需要帮助。渴求寻求友谊，成为一种自然现象。而本身已步入青春期，随着性意识的觉醒，由于传统思想的影响，异性交往被视为"神秘"话题，其实男女间的健康交往，对中学生今后的成长与发展有重要的影响。

①中学生正常异性交往的积极因素。中学生会普遍表现出一种特有的情感体验，那便是对异性的向往。

● 智力上取长补短。

男女有别是千真万确的。除生理上巨大的差异外，比如性格与气质方面，男性刚强、坚毅、豁达、粗犷、豪壮激烈、暴风雨式等，女性端庄、文静、温柔、情感丰富细腻、体验敏感、易同情人等。

男性粗心、果断、有独立性、大胆决断等。

女性细心、敏捷、有耐性、易受暗示、缺乏决断等。

因此，男女交往取长补短，互相提高。比如女性善于具体形象思维，男性较擅长逻辑思维。

● 心情上愉悦，互相激励前进。

中学生异性交往中对异性产生神秘、好奇、向往的心理感受，同时，也自然产生接近异性的心理倾向，因此满足这种心理，会使人增加愉快、轻松、美好、和谐的关系，使男女双方精神焕发，感受到激荡心灵的愉悦感，从而激发内在的积极性和创造力。

● 性格的培养与发展。

生活中，既与同性交往，又与异性交往，则这个人的性格特点便会是豁达开朗，情感体验较为丰富，个人意志较为坚强。交往对象多会有个体差异，故应取长补短，从而发展自己，提高自己。

● 增进性心理健康和日后处理婚恋问题的能力。

男女生交往，可满足青少年的心理需求，达到性心理平衡。在正常的交往中积累异性交往经验，为今后进入婚恋期打下基础，便能较好地区分友谊与爱情，更稳妥地把握好自己的情感，从而严肃、认真、负责地择偶，缔造幸福的婚姻。

②中学生怎样才能避免恋爱现象的发生呢？

● 检查自己对异性的意识和态度,不能因为家庭、学校给自己的"温暖"较少,而去寻找所谓的抚慰,使自己弥补上这一点,于是尝到"爱情"的甘甜后,自我感觉良好,喜欢炫耀自己,去博取异性注目。

● 在家长与教师指导下,树立正确的自尊自爱的道德情操。积极听取家长和老师的意见,正确进行异性交往,避免早恋的发生。

● 如果有冲动或对异性有异样的感觉,应提醒自己注意,控制冲动,培养自己健康的人格,端正性观念和批判"性解放"的思想,本着对本人和对方负责的态度,慎重交往。

● 应该明白,爱情绝不是简单的男女私情。它是人类最高级、最美好、最神圣、最纯洁的一种情感。它需要相爱的双方以无私奉献和高度的责任感去培养它。它是成熟(包括生理、心理和思想)的男女作出的严肃的、负责的选择,如果没有社会、他人的责任感和一定的经济基础,是很难享受到爱情甜美的。

(2)父母该怎样对待孩子的早恋

父母对待孩子的早恋问题切忌态度粗暴、方法简单,这样做只会适得其反,把孩子推向早恋。正确的做法是父母应该鼓励孩子和异性正常交往,并学习如何正确处理孩子的早恋问题。

有位作家说过,早恋是一朵带刺的玫瑰,我们常常被它的芬芳所吸引,然而,一旦情不自禁地触摸,又常常被无情地刺伤。

何谓"早恋"?在不同社会制度、不同时代,乃至对不同的人没有一个统一的客观标准。就目前我国的实际情况及社会规范来说,中学生谈恋爱就属于早恋,主要原因有以下两方面:一方面是中学生学习任务繁重,早恋会分散大量精力,势必影响学业;另一方面是经济生活的自立程度尚未独立。恋爱的目的是两性的结合成婚,这是需要经济上独立、生活上自立而有能力承担家庭责任的,中学生们显然不具备这个条件。

青春期的孩子会对异性有强烈的好奇心,处于青春期的少年少女渴望接近异性,又害怕受到来自异性的伤害。父母应该多鼓励这个时期的孩子正常地与异性朋友交往,因为善于与异性交往的孩子往往都具有活泼开朗、宽容大度等优点。

但要让孩子在交往中做到：尊重对方的人格，真诚交往，相互学习，相互帮助。与异性单独接触时，要让孩子注意分寸，嘱咐女孩子没有特殊原因尽量不要在晚上单独和男孩子约会，对于对方的无理要求，要敢于说"不"。

早恋高发的年龄段在 14～16 岁，平均年龄为 14.2 岁。学习成绩差及家庭不健全的孩子产生早恋的概率大些，这是因为他们学习不好或心理压力大，容易移情于两性交往，寻找同龄人的关怀。也有的是因为心智还未成熟，发觉异性对其关心甚于他人，便有一种意识，也有因为自己认为爱就是一切，恋情像水晶般纯洁，但由于现实常与幻想不符合，反而使自己的心灵受创。因此，中、小学生谈恋爱一直被社会所否定，就是因为家长们深知早恋的危害，所以才会在平时对孩子的异性交往管得很严格，一有蛛丝马迹就要查个水落石出。这样的做法本来无可厚非，只是不少家长方法欠妥，总把中学生当成小孩子看待，不尊重孩子的人格尊严，如私拆子女的信件，查看日记，偷听电话等，一旦发现早恋，更是大动干戈，拳脚相加，叫人心寒。

学校处理早恋问题往往也是简单粗暴的压制法：写检讨书、停课、处分、广播点名、公开情书……这些做法使孩子感到强烈的屈辱和压力，结果往往不令人满意。有的表面顺从，却将憎恨埋在心里；有的由"公开"转入"地下"；最坏的情况是在压力之下，自暴自弃，悲观失望，最后走上逃学、出走甚至走上自杀的道路。

其实，男女生在一起并不是家长想象的那样亲密接触。如果说，青春期的孩子对异性有一些朦朦胧胧的感觉的话，这是再正常不过的事情了。说明孩子长大了，不再处于男女的无知状态中，对自己的性别有了认同，对异性也产生了强烈的认识欲望，这与寻求数、理、化的知识没什么两样。

据了解，在早恋之中，多数人是有肉体和性接触的意向的，但不一定都付诸实践，相当多的早恋少年只满足于温馨的情感交流和卿卿我我的言语交流。当然，也有一部分基于性冲动与欲望而发生性行为。

孩子的早恋大多是青春期的朦胧的、单纯的爱。他们对两性间的爱慕似懂非懂，不知如何去爱，只觉得和对方在一起愉快，对方有吸引力，缺乏成年人谈恋爱对对方家庭、政治、经济等多方面的深沉而理智的考虑。

一般来说,女生有早恋的较早、较多,可能与女生发育较早有关。早恋成功者实在少见,两个人随着各方面的不断成熟,由于理想、兴趣、性格等方面的变化就会引起爱情的变化,恋爱越早,离结婚之日越长,就夜长梦更多,缺乏稳定性。而且孩子的早恋一般都是冲动性的,缺乏理智,往往遇事突发奇想,莽撞行事,一时冲动不计后果。有的心血来潮发生性关系,饱尝苦果;有的聚散匆匆,聚时无真情,散时不动容,轻率交往,滑向道德败坏的泥潭之中。

下面是孩子可能早恋的10种信号,供家长参考:

①孩子变得特别爱打扮,注意修饰自己,常对着镜子左顾右盼。

②成绩突然下降,上课注意力不集中。

③活泼好动的孩子突然变得沉默,不愿和父母多说话。

④在家坐不住,经常找借口外出,瞒着父母到公园、歌厅等场所,有时还说谎。

⑤放学回家喜欢一个人躲在房间里,或待在一边想心事,时常走神发呆。

⑥情绪起伏大,有时兴奋,有时忧郁,有时烦躁不安,做事无耐心。

⑦突然对描写爱情的文艺作品、电影、电视感兴趣。

⑧突然喜欢谈论男女之间的事。

⑨背着家长偷偷写信,写日记,看到别人赶忙掩饰。

⑩常有异性打来电话,经常收到发信人地址"内详"的信。

作为家长,最应该做的是帮助孩子接受自己的身体变化,接受自己的成长,帮助孩子和异性正常交往,尤其是鼓励孩子与同学的广泛接触,共同成长。在群体交往的过程中,既能消除孩子对异性的神秘感,又可防止单独来往的意外,而不是粗暴地阻止孩子们和异性交往。

我们可以尝试得到这样的结论,即在孩子的成长过程中,家长能给予孩子最好的教育可能包括有如下三点:第一是家长自己自信、愉快的家庭生活;第二是对孩子无条件的爱;第三是对孩子进行合理的管教和限制。第一条是孩子成长的稳定环境,第二条是孩子成长的肥沃土壤,第三条保证了孩子对现实的良好适应力,由此我们就可能得到世间最美好的礼物:一个聪明、自信、健康、活泼的孩子。

7
让孩子多参加课外活动

(1)你的孩子会玩吗

如果有人问你:"你的孩子会玩吗?"你肯定会感觉很奇怪,玩是孩子的天性,难道还有不会玩的孩子？你如果在暑假即将来临的时候采访一下学生家长,尤其是小学生的家长,会惊奇地发现:家长最怕孩子放暑假,大人要上班,没有时间照顾孩子,孩子放假除了参加辅导班,在家里只有看电视、上网、睡觉,几乎没有别的事情可以做。经过暑假,孩子们更累了,因为他们的心更累了。现在不会玩的孩子大有人在,或者说会玩的孩子还真少,玩对很多现在的孩子已经成为了"奢侈品"。

请看三个镜头:

镜头一:国际著名数学大师陈省身为少年题词"数学好玩"。

2002 年 8 月以"走进美妙的数学花园"为主题的中国少年数学论坛在北京举行。来自中国二十多个省市的近千名少年数学爱好者,带着对世界顶级数学家的崇敬和探索数学奥秘的极大兴趣,走进了数学论坛。

国际著名的数学大师、92 岁高龄的华裔数学家陈省身为本次活动题词:"数学好玩"。

镜头二:国际知名的语言学大师,中国现代语言学的奠基者之一赵元任告诉女儿"语言好玩"。

赵元任一生中最大的快乐就是到了世界任何地方,当地人都认他做"老乡"。

第二次世界大战后,他到法国参加会议。在巴黎车站,他对行李员讲巴黎土语,对方听了,以为他是土生土长的巴黎人,于是感叹:"你回来了啊,现在可不如从前了,巴黎穷了。"

后来,他到德国柏林,用带柏林口音的德语和当地人聊天。邻居一位老人对他说:"上帝保佑,你躲过了这场灾难,平平安安地回来了。"

1920 年,英国哲学家罗素来华巡回讲演,赵元任当翻译。每到一个地方,他都用当地的方言来翻译。他在途中向湖南人学长沙话,等到了长沙,已经能用当地话翻译了,讲演结束后,竟有人跑来和他攀老乡。

赵元任告诉女儿,自己研究语言学是为了"好玩儿"。淡淡一句"好玩儿"背后藏着颇多深意。世界上很多大学者研究某种现象或理论时,他们自己常常是为了好玩。"好玩者,不是功利主义,不是沽名钓誉,更不是哗众取宠,不是一本万利。"

镜头三:20 世纪的 70、80 年代的农村、城市、校园以及大街小巷一群群衣衫朴素、表情中透着严肃、透着天真、透着快乐的孩子在忘我地玩游戏。他们时不时地发出爽朗的笑声。他们有的打弹珠;有的拍洋画;有的滚铁环;有的丢沙包;有的跳房子;有的跳皮筋;有的抓棋子;有的打乒乓球;有的踢毽子;有的撞拐子(这些是那个年代的十大经典游戏)。

①为什么经济发展了,社会进步了,孩子反倒不会玩了呢?

● 全社会应该为"玩"正名。

对孩子来说玩是一门重要的功课,而且是必修课。人们一提到玩,首先想到的可能是"玩物丧志",可能是某某大学有多少大学生因为沉迷于网络不能自拔而被勒令退学。这些情况恰恰是孩子小时候不会玩造成的。中国的学生已经没有了美好的、无忧的童年,他们从上学第一天起就被关进一个叫做学习的"笼子"里,当他们考上大学的时候,大学老师把他们从"笼子"里放出来。他们可能因为在"笼子"里呆得太久了,所以出来

后茫然不知所措,可能会迷失方向、迷失自我。他们可能只知道学习,没有什么业余爱好,偶然发现"网络游戏"很好玩,由于他们没有起码的免疫能力,很可能会陷入其中而不能自拔。其实,他们也许并不知道什么叫"好玩"。

其实,玩是学习的一种重要的方式。心理学研究表明,孩子在游戏时会有主动性和愉悦性的体验,在这个过程中,学习和掌握东西最为轻松,也最为有效,而且,这样的学习不会让孩子感到枯燥、厌烦,可以提高孩子学生时代直至成年以后的学习兴趣和学习能力。如果注意到三四岁的孩子神情专注地、兴致勃勃地玩沙子的情景,我们可以得出这样的结论,孩子在玩耍时的动机是非常简单而专一的,那就是寻找快乐,他们是在寻找快乐的过程中认识对他们来说完全陌生的世界的。

● 做父母的要改变观念。

很多孩子由于学习压力过大,没有时间玩,没有心情玩。有时间、有心情的时候又不知道怎么玩。

不知道从什么时候开始,一个个"……从娃娃抓起"的口号悄然兴起——"电脑要从娃娃抓起"、"足球要从娃娃抓起"……什么都是"从娃娃抓起",现在最流行的版本是"学习要从娃娃抓起"(可能是"不能让孩子输在起跑线上"的翻版)。学校为了落实"学习要从娃娃抓起"的理念,加大学生的作业量和在校学习的强度,小学生上晚自习已经不是新闻。家长为了落实"学习要从娃娃抓起"的理念,加大孩子课外补课的力度。那么孩子呢?孩子在学校和家长的两面夹击下,犹如钻进风箱里的老鼠两头受气,天天睁开眼看到的是书本,听到的话也总是"好好学习"。孩子身心疲惫,尤其是心理上极度疲劳,对学习产生厌倦情绪是迟早的事情。这样做,短时间内即使孩子的学习成绩有所提高,也是以牺牲孩子的身心健康和对学习的兴趣为代价而取得的,结果当然是得不偿失。所以家长应该树立"以孩子为本"的思想,而不是"以分数为本"的思想。家长如果树立"以孩子为本"的思想,孩子可能会获得高分数,会有好的发展;家长如果树立"以分数为本"的思想,可能会"失去"一个健康的孩子。

②父母有义务教孩子学会玩。

• 带孩子走进大自然。

大自然是最好的老师。家长如果有条件可以带孩子游遍祖国的美好山川;没有条件的也没关系,在家附近也能让孩子与大自然亲密接触。

• 鼓励孩子多和同龄人交往。

很多孩子缺乏玩伴,玩得很孤独,没有意思。孩子和同龄人交往是孩子成长的重要途径。权威调查显示,儿童网络成瘾主要有以下三个方面的原因:缺乏对生活的热情;缺乏同龄人友谊;缺乏家庭的温暖。孩子在和同龄人的交往中不仅能够身心健康,还能学会人际交往的规则,等等。

• 鼓励孩子多参加课外活动。

很多家长认为学习就是孩子生活的全部,有意或无意忽视孩子的业余生活。其实,课外活动对孩子的身心健康非常有益。即使抱有功利目的,也应该鼓励孩子积极参加课外活动。现在大学自主招生的力度越来越大,死读书反而越来越不适应形势。

家长朋友们:您的孩子会玩吗?

如果不会,抓紧补上这一课!

因为这一课对孩子的未来很重要!

(2)参与课外活动的好处

在参与课外活动时,除了松弛孩子的学业压力,还可以开拓视野,锻炼多方面的才能,见多才能识广。家长千万不可小看参与课外活动,日积月累可以得到丰富的知识。课外活动虽耗时耗精力,却与学业互有帮助和促进。处理好两者关系,可把成绩提高到最顶端。

①在学习过程中参与课外活动有以下的好处:

• 课外活动与读书相辅相成。

学生一般多专心学业,对课外活动较不重视。其实,在参与课外活动时,除了松弛学习的压力与紧张外,更可培养广阔的胸襟与开朗的性格,对个人的特质培养及未来发展,是有极大帮助的。况且运动有益身心,良好的娱乐爱好对调剂身心也有帮助,二者之间是相辅相成、缺一不可的。

●课外的知识与专业所学同是成功的要素。

我们千万不可小看日常生活中及参与课外活动时，日积月累所得的知识。这些事业以外的知识，平常观之并无大奇，甚或稀松平常，只是一些常识或人情世故，但日后在工作上，却常有出意料之外的助力，成为成功不可或缺的资本。

●课外活动将人生的波折加以调和。

人生有高潮起伏也有低潮，此时，课外活动与兴趣爱好就担负着舒解身心的调和作用。历史上有许多名人除了在政治上或事业上的成就外，同时也是画家、音乐家或哲学家，就是这个道理。人的本质天资固然重要，但在努力的过程中，叛逆是无法避免的，所以，每个人都应培养一项或多项的课外兴趣，在工作之余，有其他的管道来宣泄不愉快与烦闷，这样就不容易被人生的波折打倒，而能更加强地迈向成功的大道。

若有同学在学习过程中发现其他更有兴趣的学科时，应把现在所学的念完，以免留有遗憾。若经仔细考虑后真有兴趣于其他志向，应毅然下决心去学习更多知识。况且，科技与各种学术的"整合"是将来的趋势，只会觉得学得不够，知识是永不嫌多的。

②不过多参加影响学业的课外活动。

●想每一行都干好，到头来哪一行都干不好。

●把孩子的课外活动限制在两三项，选择他极感兴趣又有天赋的课外活动。

●孩子参加的课外活动中至少包括一项艺术类的。

●通过团队合作，孩子懂得人们通过相互配合达到目标的机会要大得多。他们在互相打交道的过程中能增进友情，锻炼社交能力。从这个意义上说，课外活动能够培养相互协作的素质，能发展健康的人际关系（包括个人关系和工作关系），使他们认识到团队精神的价值。

参加课外活动有助于提高多任务管理的能力，在当今社会这是一项非常重要的能力。

第四章

家长也要尊重孩子

1
对孩子要尊重

（1）自尊来源于受到尊重

俗话说,好孩子是夸出来的,而不是打骂出来的。曾听过这样一则故事:一天下午,一个不足十岁的小学生放学后独自到一片树林里玩耍。天黑了,这个胆小的孩子还没有走出树林,他怕遭到野兽袭击,就爬到一棵大树上躲了起来。父亲见孩子很晚还没回家,就沿孩子放学回家的路去寻找,在一片树林里,借着天空那微弱的星光,父亲隐约看见儿子正躲在一棵大树的树杈上。父亲没有马上喊儿子下来,而是假装没有看见,吹着口哨在离儿子藏身的大树不远处溜达。儿子听到父亲的口哨声好像遇到了救星,马上从大树上溜下来,吃惊地问:"爸爸,你怎么知道我在这片树林里呢?""我是独自散步,没想正碰上你在树上玩耍呢。"据说这个孩子长大后进入军官学校深造,毕业后成了一名作战勇敢的将领。

人们常说,树怕伤根,人怕伤心。自尊心、自信心是孩子成长的精神支柱,是孩子成才的基石,也是自我发展的内在动力。凡是人都有自尊心,不要认为孩子小,就可以不尊重他们。孩子的自尊心、自信心需要家长和老师去保护、去尊重。如果家长有意或者无意伤害了孩子的自尊心、自信心,那么孩子的心灵就会受到打击和摧残,就会失去向善发展的动力和精神支柱。不管什么情况下伤害或者诋毁孩子的自尊心、自信心,都是

违背教育规律的愚蠢行为。

在现实生活中，不注意保护孩子自尊心、自信心，不尊重孩子隐私的事已司空见惯。有的孩子一件事没有做好，就说你怎么这么笨；孩子平时有些胆小，就说你真是个胆小鬼；孩子一次考试成绩不佳，就说你怎么这么没用；孩子偶尔一次小小的失误，就指责你怎么这么不给人争气。有些家长、老师看孩子不顺眼，总是指责、埋怨，有的甚至打骂体罚。这样下去，久而久之，一个本来不错的孩子，会在一片指责埋怨声中，失去应有的上进心和自尊心，最终难以成才。

简单粗暴，不讲方式方法，只会伤害孩子的自尊心。一个合格的家长应该用爱心去保护孩子的自尊心、自信心，教育孩子要有爱心、耐心和恒心，坚持多表扬鼓励，少指责埋怨，只有这样才能调动和激发孩子成才发展的自觉性、积极性，进而使他们不断克服缺点，逐渐完善自我，成为一个对社会有用的高素质的人才。

①孩子越小，心灵越不设防，越容易受伤害。

父母需要给予小心呵护。例如：多关心孩子内心的冷暖；多给他一些微笑和关怀的眼神；多给他一些理解和支持；常拥抱他，并说："孩子，妈妈爱你。"

②正确对待孩子的学习成绩。

要时刻让孩子感到父母"无条件的爱"。父母对他的任何努力都要给予鼓励，甚至允许孩子犯错误。家长不要只在孩子取得成绩的时候笑逐颜开，"好孩子、乖孩子"这样叫着，而在他成绩退步的时候，脸一下拉好长，让孩子感觉你爱的不是他，而是他的成绩。

③多给孩子留面子，不要当着别人训斥、指责孩子；不要当着别人的面唠叨孩子曾经说过的话或做过的事，使他感到难堪。

儿童是有自尊心的，如果我们在教育儿童时忽视他们自尊心的存在，常常对他们批评指责、甚至打骂，不注意给孩子留"面子"，常在孩子同伴面前或外人面前数落孩子的不是，责骂惩罚孩子，使孩子在同伴中抬不起头，没有地位，这样不仅达不到教育目的，反而大大刺伤了孩子的自尊心，

激起孩子的憎恨、敌对和紧张情绪，促使孩子养成报复、自卑等不健康心理。

一般家长的习惯认识是：对家长来说，孩子永远是透明的，孩子对家长没有任何秘密可言。

心理专家认为，这种想法是完全错误的。一般规律是，孩子在小学以前天真无邪，凡事都愿向父母汇报，无隐私可言。而随着年龄的增长，尤其是进入青春期后，孩子似乎突然间发生了巨大的变化，令家长们不知所措。而恰恰就在这一特定时期，家长们所诚惶诚恐的又恰恰是孩子的早恋问题。所以，此段时期是家长们最不能接纳孩子有秘密、特别关注孩子内心世界的时期。

由于对孩子成长规律的不了解，对孩子日渐减少的沟通现象，许多家长都感到无所适从，于是，想办法偷看孩子的日记。其实，从心理学上讲，孩子有了秘密是一个长大的标志，没有秘密的孩子是不会成熟的。同样对家长而言，没有秘密的孩子永远也不会长大。愉快地接受开始有秘密的孩子，尊重孩子的隐私，这是一个明智家长的正确选择。美国心理学家罗达·邓尼说过："父母错了，或违背自己许下的诺言时，如果能向孩子说一声对不起，可以帮助孩子建立自尊，同时能培养孩子尊重人的习惯。"但是，很多大人在这种情况下，不屑于这样做，他们明知自己错了，却对孩子文过饰非，甚至不当一回事。大人的想法往往是：父道尊严，怎能认错；小孩子知道什么？没必要认错……在他们的眼里，孩子是弱小的，是不能和大人平等的。如此培养出来的孩子，能自尊吗？能尊重人吗？

自尊来源于受到尊重。儿童受到尊重时，会产生良好的自我感觉，产生积极、主动的心态，总是有良好的自我感觉，自尊就会萌发起来，这对孩子很重要，只有自尊，才能增加自强、自立的精神。在我们的周围，往往有一些不懂得尊重别人的人，他们的人际关系多是不好的，并由此给生活、工作和他人造成消极影响。究其根源，多数是因为在儿时缺乏被尊重的感受，缺乏尊重人的教养。

可见，培养孩子尊重人，要从尊重孩子入手。尊重孩子不是表面文

章,是正确的儿童观的自然反映,也就是说,正确看待孩子,才会由衷地尊重孩子。现代教育认为,孩子再小,也是一个独立的人,孩子和大人在人格上是平等的,所以孩子和大人的关系应该是相互尊重的。

(2)应该怎样尊重孩子

尊重孩子应该怎样做呢?认真回答孩子提出的问题,如果不知道,就说:"对不起,我也不知道,我们一起来研究吧!"这完全不会影响大人在孩子心目中的形象,只会让孩子感受到真诚。

对孩子许下的诺言,要认真对待,不能兑现时,也要对孩子有交代,不能不当一回事。这不仅是让孩子体验"言而有信",更能从中体会出大人对自己的重视。

孩子为大人做了事情,大人要说"谢谢",不仅是因为礼貌,更是让孩子感受人与人之间的尊重,不能认为孩子为大人做事是理所当然的。

和孩子说话时,要看着孩子的眼睛,孩子就会觉得你尊重他,你是认真对待他的,此时不要忙于做别的事,更不要心不在焉。

倾听孩子的说话,不要随意打断或制止孩子,要让孩子把话说完,像和成人交谈一样对待孩子。

多征求孩子的意见,鼓励孩子有自己的看法和见解,在发表意见时,大人和孩子是平等的,可以保留意见。但是,谁也不应该强加于谁。

尊重孩子的不同意见和反对意见,不能大人"常有理",也不要简单地否定,尽量用商量的办法解决问题,让孩子感到自己是家中平等的一员。

重视和爱护孩子的作品,尊重孩子对他作品的态度,没有得到孩子的同意,不随意处置孩子的作品。

尊重孩子的隐私,不强迫孩子公开自己的小秘密,没有得到孩子的允许,不随意翻动孩子的东西,不硬掏孩子的衣兜,让孩子有独立感。

不随意代替孩子回答问话,不当着其他孩子的面议论自己的孩子,在公共场所或客人面前,要给孩子留面子,使孩子自己看重自己。

如果家长错了，要主动向孩子认错，并诚恳地表示歉意，不要遮遮掩掩，不要羞于启齿，更不要欺骗孩子。

批评孩子时，要给孩子解释的机会，允许孩子申辩，切不可对孩子说损伤其自尊心的话语，让孩子正视错误但不自卑。

不要随意给孩子下消极的断言，如"你真笨"，不要经常将孩子和别人相比较，特别不要以他人之长比孩子之短，不要让孩子相形见绌。

放手让孩子自己去解决伙伴间的争端，一般情况下，大人不要插手，尊重孩子的独立自主，孩子会从解决争端中受益多多。

不要戏耍孩子，不要用孩子来取乐，不给孩子起"外号"、"绰号"，更不能在自己心绪不好时，把孩子当出气筒。

宽容孩子的意愿，尊重孩子对朋友和活动的选择，大人可以向孩子提供意见，但不要强迫孩子接受，让孩子意识到自己是独立的个体。

尊重孩子的气质特点，尊重孩子的兴趣爱好，不将自己的兴趣强加于孩子，可以引导，但不能主观地替孩子做决定。

要顺着孩子的天性，不逼着孩子去做他力所不能及的事情，不将自己过高的期望强加给孩子，让孩子总是自我感觉良好。

2
赏识并尊重孩子的想法

孩子懂事以后,便开始思考这个世界,思考他所遇到的每一件事,并逐渐产生自己的想法和观点。大人和孩子的世界确实不同,但在孩子成长的过程中,却一直在向大人靠近。他们对大人世界的事情发表意见和想法,说明他们有了独立的思考意识,这是非常可贵的。

这时,父母应该赏识和尊重孩子的想法、理解孩子的心情、倾听孩子的诉说,在孩子想要发表自己的想法和观点时,给予积极的赏识和尊重。赏识和尊重孩子的想法,不仅可以进一步锻炼孩子的思考意识和表达能力,而且可以通过倾听孩子的观点,发现和了解孩子的真实想法,从而纠正孩子成长过程中的一些错误思想。

父母千万不要忽略和压制孩子的想法,即使他们说得不对,即使他们的想法幼稚可笑,也不能嘲笑和打断他们;不要总是以大人的思维来要求孩子,而应该让孩子说下去,允许孩子把自己的观点表达出来。

要理解孩子的想法,首先应主动地创设条件与孩子讨论,不要粗暴地拒绝听孩子讲话。要把他们看做家庭的一员,使他们感到应该把自己的想法讲出来让父母知道。

此外,父母要善于把握孩子讲话中表达出来的"儿童逻辑"。儿童逻辑往往是带有孩子个人经验、个人感情色彩的推理,这种推理并不一定符

合成人的思维规律和事实，但对孩子本人来说却是很重要的。与孩子交谈，倾听他们的想法，关键就在于把握他们的"逻辑"，然后再去引导他们以不同的观点看问题。

孩子主动和父母谈到孩子世界的事情，是对父母的信任和依赖，是想从父母那里得到解答和安慰。这时，父母应该努力站在孩子的角度，理解和尊重孩子的想法，耐心地和孩子沟通交谈。

大人的世界和孩子的世界应该是平等互重的，孩子的想法和大人的想法也同等重要。因此，不论是孩子想要讨论大人世界里的话题，还是大人想要进入孩子的世界，这种彼此之间的交流都显得尤为重要。

赏识孩子，就一定要尊重孩子。当孩子想要向你表达他的想法和观点时，给他足够的时间和空间，耐心倾听孩子的话，不要不耐烦地敷衍了事，而应该对孩子说："我们一起聊聊。"

3
尊重孩子的隐私

一幅四格漫画,配有这样四句话:"你翻看了孩子的书包","你偷看了孩子的日记","你拉开了孩子的抽屉","你也锁住了孩子的心,请尊重孩子的隐私权!"

隐私,是每个人藏在心里,不愿意告诉他人的秘密。人人都有自己的隐私,孩子也不例外。随着孩子年龄的增长,他们的生活领域、知识、情感都逐渐丰富起来,孩子的自我意识、自尊意识不断增强,原先敞开的心扉也渐渐关闭起来。然而,很多父母没有意识到孩子正在长大,忽略了孩子也会有自己的秘密,总认为自己是孩子的父母,可以随意地进入孩子的世界、随意揭露孩子的"隐私",甚至粗暴干涉,拆信、监听、偷看日记等。

娜娜走在上学的路上,忽然想起昨天晚上的作业忘记放进书包里了,于是急忙往家跑。当她掏出钥匙打开家门,看到妈妈正从自己房间里走出来,脸上带着不自然的表情。娜娜走进房间去拿作业,一推门,愣住了,她看到自己书桌的三个抽屉全部敞开着,自己的日记本、同学们送的生日礼物、贺卡乱七八糟地堆在桌子上。

娜娜非常生气地质问妈妈:"你为什么翻我的抽屉?"

没想到妈妈却比他还生气:"怎么了?我当妈妈的看看女儿的东西还有错吗?"

"可是你应该经过我的允许才能看!"娜娜也毫不示弱。

"小孩子有什么允许不允许?别忘了我是你妈妈,好了,快去上学吧!"妈妈毫不在乎地对娜娜说。

后来,娜娜把书桌上的抽屉都上了锁,就连日记本都换成了带锁的。

如果父母为了了解孩子而偷看孩子的隐私,这往往会得不偿失。事实证明,这样做只会伤害孩子的自尊,孩子会因为自己的隐私受到侵犯而采取更极端的措施将其保护起来,把自己的心紧紧锁闭。这样,父母想了解孩子就变得更加困难了,原本和谐的亲子关系也就被父母破坏了。

赏识孩子,就应该尊重孩子,允许孩子有自己的"隐私世界"。用赏识和尊重换取孩子的信任,让孩子主动说出他的想法,这才是父母应该努力达到的效果。

刘佳上五年级了,她养成了写日记的好习惯。一天,她正在房间里写日记,听到有人敲门,"是谁?"

"是妈妈,我可以进来吗?"

"请进!"刘佳一边答应,一边把日记本合起来。

原来是妈妈给她送牛奶来了。"又在写日记啊?"妈妈问道。

"是啊,你可不能偷看哦!"刘佳娇嗔地"警告"妈妈。

"好,妈妈不看。其实妈妈小时候也像你一样,不光要写日记,还要拿个小锁把日记本锁住,生怕别人偷看了我的日记。"妈妈一边抚摸着刘佳的头发,一边说道。

"那有人偷看过你的日记吗?"刘佳好奇地问妈妈。

"没有,他们看我日记上有锁,就知道我不希望别人看我的日记,也就不看了。想想那时候挺好玩的,一把小锁,仿佛锁住了自己的快乐,呵呵。"妈妈笑着对刘佳说。

"我的日记里也有好多快乐。"刘佳对妈妈说。

"我知道,其实妈妈很希望能分享你的快乐,也包括忧愁。不过妈妈会尊重你的意愿,不会偷看你的日记的!"妈妈真诚地说。

"既然妈妈这么说,我倒愿意和你一起分享我的日记了。"

就这样,妈妈既尊重了刘佳的意愿和隐私,又得到了刘佳的信任和爱。

赏识和尊重孩子,确实尊重孩子的隐私权,这是密切亲子关系、获得孩子信任的基础。

在生活中,父母要密切注意孩子在态度和行为上的细微变化。当孩子希望自己的房间没有人打扰时,父母就不要随便进入;当孩子希望拥有记录自己秘密的日记本时,父母就不要偷看,更不能采取打骂体罚的方式。

当你用自己的语言和行为去赏识和尊重孩子,孩子也同样会尊重你,从而把你当成他的好朋友。当他们遇到什么事情或者心中有秘密的时候,才有可能主动向你谈起。

当你需要进入孩子的房间时,应该敲门,并礼貌地问他:"我可以进来吗?"

当孩子写日记或者写信时,如果你想看,必须经过孩子的允许。你可以说:"孩子,在写什么呢? 妈妈可以看看吗?"

当你想帮助孩子收拾房间、书桌或者书包时,最好应该让孩子知道。你应该说:"让妈妈帮你收拾,你看好吗?"

所以家长要记住,只有你越尊重孩子的隐私,你与孩子的距离才会越近。

4
尊重孩子的朋友

在孩子的一生中,朋友的影响至关重要。而一个好的朋友,更是人生中最为珍贵的财富。所以,作家塞万提斯在他的名著中说:"以好人为友者自己也能成为好人。"赫德也说:"与恶人交,如日之影,按时递减;与好人交,如黄昏之影,不断增大,以至生命之日陨落。"人们常将良师益友相提并论,可见一个好的朋友扮演的绝不仅仅是"朋友"这个角色,有时他可能是一个坐标,而有时他又可能是推动我们前进的那只手掌。

尊重孩子的朋友就是尊重孩子的情感。它是你和孩子能否交心的唯一标准。因为孩子把友谊看得比什么都重要。他们有很多悄悄话不跟老师讲,也不跟家长讲,只跟好朋友讲。好朋友的品行对他们的影响是非常大的。所以,家长要尊重他们的每一位好朋友,包括异性朋友。

很多家长害怕孩子交友失慎,"一失足成千古恨"。其实孩子能否交到朋友以及交到什么样的朋友,说到底仍是取决于孩子本身。要靠他本身的魅力和能力,靠他本身的分辨和选择。若是他善良淳朴、诚恳待人,他的身边自然不会缺乏良朋。有些父母喜欢干涉孩子的交友,以致孩子很难交到朋友,甚至没有朋友。在这个合作的时代里,没有人能离开群体,能离开人际交往。孩子也是如此。没有朋友的孩子,其内心势必会产生对友谊的极其渴望,行为上的孤僻与内心中的渴望容易造成孩子性格

的扭曲。只有孩子拥有了自己的朋友,他才可能有健康的人格。

(1)尊重孩子的交往意愿

丫丫晚饭后对妈妈说:"妈妈,今天来了一个新同学,我想和她做朋友。"

妈妈说:"交朋友是好事情啊,这个同学叫什么名字啊?"

丫丫说:"她叫晓雪。她家就在我们家的附近,她每天都可以和我一起回家啦。"

"哦,是吗? 不过丫丫,你了解你的新朋友吗?"

"她不太爱说话,不过她告诉我她爸爸妈妈离婚了。"

妈妈听了丫丫的话犹豫了一下,从内心说,她不大希望女儿和单亲家庭的孩子做朋友,但她还是对孩子说:"丫丫,如果你想要和晓雪做朋友的话,就试试看吧。如果晓雪的爸爸妈妈离婚了的话,那她就比较孤单了,你要学会关心你的新朋友哦。两个人互相帮助,好吗?"

"好的,妈妈。"

"那明天放学,请你的新朋友来家里玩吧。"

"那太好啦!"丫丫快乐地说。

案例分析:

父母应该给孩子自由选择朋友的权利。当然,在很多时候父母与孩子的想法会产生很大的分歧。即使当时孩子选择的朋友并不合自己的意,在不了解孩子朋友的情况下也不要着急否定。不妨让孩子先交往看看,然后在孩子与朋友交往的过程中再进行了解和引导。这样既不会挫伤孩子交朋友的积极性,又可以及时了解孩子与朋友交往的情况。

(2)别当众数落孩子的朋友

蓉蓉请小朋友到家里来玩,妈妈准备了很多好吃的东西招待小朋友们。其中有一个叫小花的小朋友家庭条件不是很好,小花很少有吃到这么多好东西的机会。小孩子很兴奋,吃的时候就难免有点狼吞虎咽。食物的渣子掉了一地。因为吃得太高兴,小花还在自己的衣服上擦了擦手。

蓉蓉的妈妈看到小花的样子,觉得很不喜欢,就说:"小花,女孩子吃

东西的时候要矜持一点,不然人家会说你没家教的。"

小花的脸立刻红了,小声问:"阿姨,'矜持'是什么意思啊?"

蓉蓉的妈妈说:"'矜持'什么意思你都不知道啊? 你妈妈没教过你吗? 难怪了。'矜持'的意思就是要端庄一点,有礼貌一点,吃东西不要狼吞虎咽的。"

小花的脸更红了,她慢慢放下手里的东西,站起身说:"阿姨,我要早点回去了,不然妈妈会着急的。"

小朋友们也都安静了,大家也纷纷说要回去了。

孩子们都出了门,妈妈还在说:"真没礼貌,东西不吃完就放下了,都不知道家长是怎么教的。"说完一回头,看见蓉蓉眼睛里噙着泪水,用一种奇怪的目光望着妈妈,说:"我平时在小花家里吃东西也是这样的,可是小花的妈妈从来没有这样说过我。"然后头也不回地跑进了自己的房间。

案例分析:

将"直言不讳"这种方法用在当众数落孩子的朋友上实在是不智之举。提到交朋友,人们一定会想到一个词,就是"趣味相投"。就是说,性格与习惯中存在某种共性的人很容易成为朋友。孩子也是一样的,他喜欢身边的人,与他成为朋友,正是说明了他们之间有某种共同的东西,当然也可能包括了一些不好的习惯。当父母当众数落孩子朋友的某些不良行为的时候,很可能就忽视了孩子朋友的弱点说不定也是自己孩子的弱点,孩子很容易对父母的这种行为产生反感。同时,孩子会觉得为什么伤害朋友的人竟然是我的父母,会产生反抗的心理也是很正常的了。

(3)对孩子的朋友不要有先入为主的偏见

小梦班上有一位叫小爽的同学。这个同学的父亲因为挪用公款被逮捕了,还被判了刑。全班同学的家长都不喜欢自己的孩子和她做朋友,小梦的妈妈也不例外。妈妈也曾经在家里多次警告过小梦,让她不要和那个男生交朋友,小梦也满口答应了妈妈。

一天,妈妈到学校去接小梦放学,因为是临时决定的,所以妈妈没有告诉小梦。没想到在学校门口却看到小梦和小爽说说笑笑地出来了。妈

妈很生气,立刻走向前去叫住小梦。小梦看到妈妈生气的样子,一句话也不敢说。小爽赶忙找个借口先走了。

回到家,妈妈大发雷霆:"我跟你说过多少次,不要跟那种人交朋友,你为什么就是不听?"

小梦说:"妈妈,那种人是哪种人?"

妈妈说:"你还要故意气我。还能有谁,就是那个小爽!"

小梦说:"他怎么了?"

妈妈说:"怎么了? 他的爸爸是个贪污犯,还在坐牢!"

小梦也生气了:"妈妈,他的爸爸犯了错,不代表小爽也是个坏孩子。"

妈妈说:"哼,有遗传的,他爸爸是那样他也好不到哪里去!"

小梦大声说道:"不,我比你了解小爽。她很善良,对朋友很好。你这样说她对她不公平! 我真讨厌你这样说我的朋友!"说完冲出门去。

母女两人不欢而散,妈妈愣在那里,不知道女儿为什么会这么反常。

案例分析:

未经了解就对孩子的朋友妄下断言,除了招来孩子的反感和厌恶之外没有任何好处,而且对孩子的朋友也是相当不尊重和不公平的行为,因此孩子会有激烈的反应也不出奇。如果处理不当,造成亲子关系中的裂痕就难以弥补了。所以,看待孩子的朋友不要有先入为主的偏见。家长不要摆出拒人于千里之外的姿态,找个机会与孩子的朋友面对面接触,尽量全面、客观地了解孩子的朋友。

83

5
尊重孩子的 18 条参考

尊重孩子可以参考以下做法：

①认真回答孩子提出的问题，如果不知道，就说："对不起，我也不知道，我们一起来研究吧"。这完全不会影响大人在孩子心目中的形象，只会让孩子感受到真诚。

②对孩子许下的诺言，要认真对待，不能兑现时，也要对孩子有交代，不能不当一回事。这不仅是让孩子体验"言而有信"，更能从中体会出大人对自己的重视。

③孩子为大人做了事情，大人要说谢谢，不仅是因为礼貌，更是让孩子感受人与人之间的尊重，不能认为孩子为大人做事是理所当然的。

④和孩子说话时，要看着孩子的眼睛，孩子就会觉得你尊重他，你是认真对待他的，此时不要忙于做别的事，更不要心不在焉。

⑤倾听孩子的说话，不要随意打断或制止孩子，要让孩子把话说完，像和大人交谈一样对待孩子。

⑥多征求孩子的意见，鼓励孩子有自己的看法和见解，在发表意见时，大人和孩子是平等的，可以保留意见。但是，谁也不应该强加于谁。

⑦尊重孩子的不同意见和反对意见，不能大人"常有理"，也不要简单地否定，尽量用商量的办法解决问题，让孩子感到自己是家中平等的

一员。

⑧重视和爱护孩子的作品，尊重孩子对他作品的态度，不得到孩子的同意，不随意处置孩子的作品。

⑨尊重孩子的隐私，不强迫孩子公开自己的小秘密，不得到孩子的允许，不随意翻动孩子的东西，不强硬掏孩子的衣兜，让孩子有独立感。

⑩不随意代替孩子回答问话，不当着其他孩子的面议论自己的孩子，在公共场所或客人面前，要给孩子留面子，使孩子自己看重自己。

⑪如果家长错了，要主动向孩子认错，并诚恳地表示歉意，不要遮遮掩掩，不要羞于启齿，更不要欺骗孩子。

⑫批评孩子时，要给孩子解释的机会，允许孩子申辩，切不可对孩子说损伤其自尊心的话语，让孩子正视错误但不自卑。

⑬不要随意给孩子下消极的断言，如"你真笨"，不要经常将孩子和别人相比较，特别不要以他人之长比孩子之短，不要让孩子相形见绌。

⑭放手让孩子自己去解决伙伴间的争端，一般情况下，大人不要插手，尊重孩子的独立自主，孩子会从解决争端中受益很多。

⑮不要戏耍孩子，不要用孩子来取乐，不给孩子起外号、绰号，更不能在自己情绪不好时，把孩子当出气筒。

⑯宽容孩子的意愿，尊重孩子对朋友和活动的选择，大人可以向孩子提供意见，但不要强迫孩子接受，让孩子意识到自己是独立的个体。

⑰尊重孩子的气质特点，尊重孩子的兴趣爱好，不将自己的兴趣强加于孩子，可以引导，但不能主观替孩子做决定。

⑱要顺其天性，不逼着孩子去做他力所不能及的事情，不将自己过高的期望强加给孩子，让孩子总是自我感觉良好。

第五章

教孩子学会感恩

1
培养一个有爱心的孩子

（1）爱心是一个永恒的主题

①爱心是人类教育的一个永恒的主题。从古人的"爱人者人恒爱之"到现在的"只有善行才会为你带来声誉"可以看出，从古至今，有一颗善良友爱的心一直是人们推崇的。对父母的孝心，对他人的关心，对弱者的同情心，对社会的责任心，是其基本内容。一个从小就懂得关心父母、爱护他人的孩子，也一定会是一个珍爱生命、热爱生活的人，长大后才能热爱祖国，关心爱护周围的一切。而一个有爱心的人，他也能与更多的人合作，获得更多的机会，取得更多的成功。有了爱便有了一切。"爱"是做人做事的基本准则，所以从小培养孩子的爱心就显得尤为重要。

孩子最初感受到的别人的爱与发出移情和同情之心的对象是父母、亲属和小同伴。近年来，由于家庭结构的日益"核心"化，大多数家庭只有父母和一个孩子。独生子女在家庭中往往是父母、祖辈、亲友等照顾、抚爱、赠物和智力刺激的集中对象。他们受到的关心和爱实在太多，而引导他们去付出关心和爱的机会、措施太少。他们从不懂得要分享食物、玩具、图书，从不知道父母在工作和家务双重负担中付出的辛劳。他们习惯于为所欲为、有求必应的生活，认为这是理所当然的享受，很少想到别人的需要，以致使相当数量的独生子女染上了自私、懒惰、任性、缺乏责任感

和不会关心他人的毛病。常常听到这样的事：有的父母心甘情愿地节衣缩食，省下钱来用昂贵的代价买"名牌"，一味地满足子女的高消费；有的父母下岗以后，怕子女难过、委屈，瞒着家人去干累活、脏活，却仍让子女过养尊处优的生活。而可悲的是在这样的反差中成长的儿女给父母的回报却是冷漠和自私。有一位家长，他和妻子把所有的爱都给了独生儿子，但儿子却很自私，好饭菜要独吃、先吃，衣服鞋帽要父母帮助穿、脱，只知道伸手向父母要这要那，对父母却从不关心，父母生病不闻不问。一位儿童教育家说："只知索取，不知付出；只知爱己，不知爱人，是当前独生子女的通病。"

生活中，有许多父母都抱怨自己对孩子疼爱有加，而孩子却自私自利，不懂得关心父母、关爱他人。古人说："人之初，性本善"，其实并不是孩子生来就缺少爱心，而是由于父母对孩子的溺爱、不注意教育方式等，把孩子的爱心在不经意间给剥夺了。

②涓涓之水，汇成江海，爱的殿堂靠一沙一石来构建。自小给予孩子同情心和怜悯的情感，是在他身上培植善良之心、仁爱之情。儿童最初的同情心和怜悯心是成人同情心和怜悯之心的反映。所以，父母同情别人的困难、痛苦的言行会深深打动儿童心灵，感染和唤起孩子对别人的关心。父母是孩子的镜子，孩子是父母的影子。只有富有爱心的父母，才能培养出富有爱心的孩子。孩子时时刻刻把父母作为自己的榜样，父母的一言一行都在潜移默化地影响着孩子，身教重于言教就是这个道理。因此，父母平时就要注意自己的言行举止，做到孝敬老人、关心孩子、关爱他人、乐于助人等，让孩子感觉到父母是富有爱心的人，自己也要做一个富有爱心的人。

父母要为孩子提供奉献爱心的机会，许多父母只知道一味地疼爱孩子，却忽略了给孩子提供奉献爱心的机会。其实施爱与接受爱是相互的，如果只是让孩子接受爱，渐渐地，他们就丧失了施爱的能力，只知道索取，不知道给予，并且觉得父母关心他是理所当然的。有的父母以为给孩子多点关心和疼爱，等他长大了，他就会孝敬父母，疼爱父母。其实这是一

种误解，你没有给孩子学习关爱的机会，他们又怎么会关爱父母呢？还有的父母认为孩子的任务就是学习，其他的都不重要，只有学习好了，将来才会有一个好的前程，于是什么事都为孩子打理，孩子衣来伸手，饭来张口。学习固然重要，但是孩子的性格、习惯、品质、心理对孩子的成长、成才更重要，并且这些都需要在生活、学习中培养，不会一蹴而就。所以培养爱心，要善于创设时机。给孩子买了新玩具、新图书，就要引导孩子妥善整理，并和别的孩子一起享用；家中鲜花开放时，启发孩子带一盆到幼儿园和老师、同学一起欣赏。对四五岁的孩子更要在游览、参观中给孩子讲解家乡的新建设、民族英雄的故事，欣赏祖国的美丽山河，学会爱护社会的花草树木，保持公共环境的整洁卫生和安静。

孩子的爱心是稚嫩的，你在乎它，它就会长大；你忽视它，它就会枯萎；你打击它，它就会死去。如果你想拥有一个富有爱心的孩子，那就请你在生活中培养和呵护孩子的爱心吧！

培养爱心，还要学会关心他人。要鼓励孩子除了自己的事自己做、不给别人添麻烦以外，在日常生活中经常以帮助他人为快乐，以会劳动、能负责为荣耀。例如承担适度的家务，主动帮爷爷浇花、喂鱼；给晾衣服的妈妈递衣架；为邻居老人拿牛奶、传信件、送书报，并坚持不懈。父母对孩子良好的言行要给予微笑、鼓励，而不是物质允诺。爱心应当是不图回报、不计代价的。有的父母不让孩子参加家务或社区劳动，生怕减少了孩子看书、习字的时间，怕分了孩子的心，影响学习成绩。其实，如果安排得当，适量的劳动与专注的学习交叉进行，可以调节大脑不同区域的负荷，更有利于提高学习效率。认真负责的劳动态度、有条理的劳动习惯可以促进和形成较好的学习态度和学习习惯，使孩子终生受益。

随着孩子的长大，还要逐步扩大教育内容，教育孩子热爱家乡、热爱祖国、热爱社会主义、热爱科学、热爱劳动、热爱事业、热爱人生……

一点一滴的培养，一言一行的引导，仁慈博大的爱心、人道主义的道德，就会在孩子心头扎下根，就会随着孩子的成长而不断扩展和升腾。教

育孩子一定要从点滴小事做起,从父母做起,从社会中的每一位成年人做起,给孩子起到模范带头作用,教给孩子们认识什么是真善美、什么是假恶丑,什么可为、什么不可为,这才能让爱心之花开遍世界的每一个角落,才能让爱心在孩子心中永驻。

(2)如何培养孩子的爱心

爱心是每一个正直的人所应具有的美好品德,拥有爱心的人让我们感受人间温暖,拥有爱心的社会让我们感受世界的祥和。爱心是人类社会的润滑剂,爱心是我们这个社会的渴望。特别是现在的独生子女在家是小皇帝,在校是小霸王,培养他们的爱心是一项急切而又艰巨的任务。

从儿童身心发展的特点来看,从孩童时期开始进行爱心培养是完全可能的。孩子的心理活动具有高度的感受性,小学阶段是儿童接受熏陶形成良好品德和行为习惯培养个性的重要时期,他们容易受到外界各种刺激和教育的影响,并在今后的人生中留下深刻的痕迹,形成定性。

那么如何培养孩子的爱心呢?

①父母是孩子最好的榜样,父母是孩子的第一任老师。父母的一言一行对孩子的心理起着潜移默化的作用,可以说孩子对父母的言行是看在眼里记在心里,这种影响甚至是终身的。孩子从小和父母生活在一起,他们正用自己稚嫩的双眼看着父母的所作所为。所以作为家长的我们不仅要敬重自己的父母,维护父母的尊严,还要以身作则,教导孩子从小培育爱心,这种培育对身心正在发展的孩子起着较大的导向作用。在生活中我们可以教导孩子做一些力所能及的家务,并给予适当的鼓励和表扬。激励孩子为爷爷奶奶捶背、拿东西等。这样不仅培养孩子热爱劳动的品质,锻炼他们的动手能力,更重要的是对孩子思想产生极大的影响,他们将会养成爱长辈、爱家庭、爱生活的美好品德。

②鼓励孩子的爱心。爱心是他们前进的动力。孩子长大了就得离开父母来到学校接受全新的教育,特别是小学阶段,对孩子的思想、行为习惯、性格等各方面的成长是影响深远的。学校教育对孩子爱心的养成起着举足轻重的作用。在学校里孩子有助人为乐、爱护别人的举动时,老师

要及时发现,并及时给予鼓励,让他感受到与人为善是一件幸福的事情。对一些孩子的错误行为,老师也要及时发现和制止,并采用合适的方法引导孩子纠正自己的错误行为,认识到自己的错误,并在今后的生活中作出正确的判断和表现。

③爱心的培育方式可以是多种多样。

• 运用生活中和文艺作品中友爱互助的典型教育学生。日常生活中成人的榜样、同学的榜样以及文艺作品中有关的事例对培养孩子的爱心是极为有利的,他们能引起孩子的在情感上的共鸣,能帮助孩子理解道理并易于接受,生活中的事例更能激发孩子的爱心。

• 在游戏中培养教育孩子。爱玩游戏是孩子的天性,在游戏中如果寓教于乐,孩子能初步认识与人相处的态度和情感。

• 通过讲故事、诗歌、听歌曲、看录像等多种形式教育孩子。爱心的培养是属于德育的范畴,而德育是一个循环反复、长期教育的过程。我们必须牢牢抓住孩子这一时期身心发展的特点,精心培育、言传身教,让他们由被动、不自觉的模仿行为变成主动、自觉的行为,让爱心在每个独生子女身上发扬下去,永不泯灭。

2
让孩子学会宽容

(1) 宽容是一种品德

①学会宽容。宽容是一种品德,是一种气质;宽容他人,你是仁者;宽容自己,你是智者;学会宽容,你的人生会从容、轻松、潇洒,人性也得以升华。

在这个纷纷扰扰的世界里,人要活得潇洒,就必须学会宽容。宽容,将使你活得更加轻松、更加有意义。拥有宽容,能使你拥有别人所不能拥有的东西。当宽容成为一种品性时,生活算是过到了极致。

宠辱不惊,坐看庭前花开花落。去留无意,漫随天边云卷云舒。拥有此种境界并非前世修来的福分,想要拥有宽容之胸怀是需要学习的。

家长应从小教孩子学会宽容他人,任何时候都要以大事为主,这样孩子会得到退一步海阔天空的喜悦,还会得到化干戈为玉帛、化怨恨为友谊的惊喜。

生活中,有很多人总是与别人斤斤计较,结果周围的人都成了自己的敌人,自己成了孤家寡人,把自己陷入尴尬痛苦的境地。

怎样才能改变这种状况呢? 只有一个办法:那就是学会宽容。在生活中,面对一个小小的过失,常常是一个淡淡的微笑,一句轻轻的歉语,便会获得包涵谅解,这就是宽容;在人的一生中,常常因一件小事、一句不经意的话,使人不理解或不被信任,但不苛求他人,以律人之心律己,以恕己

之心恕人，这也是宽容。所谓"己所不欲，勿施于人"，也是寓理于此。

学会宽容，意味着你不再心存疑虑，将会使你获益终生。

有人说宽容是软弱的象征，其实不然，有软弱之嫌的宽容根本称不上真正的宽容。宽容是人生难得的佳境——一种需要操练、需要修炼才能达到的境界。能够宽容他人的人，可以和各种人相处，同时也可以反映出自身的人格修养和广阔胸襟。

世界上许多的悲剧，都是因为人与人之间不能互相容忍所造成的。然而，忍让和宽容说起来容易，做起来却是非常难。当我们受到无辜的伤害时，总是会有一颗报复心的。但是，报复却并不能给我们快乐。

学会宽容，学会大度，是我们每个人生活中的一件大事，整天被不满、怨恨心理所控制的人是最痛苦的人。学会宽容，也就是学会了爱自己。

法国大作家雨果说得好："世界上最宽阔的东西是海洋，比海洋更宽阔的是天空，比天空更宽阔的是人的胸怀。"让我们也教我们的孩子都来做一个具有大度能容的人吧！

宽容忍让是一种良好的心理品质，它以平和的心态待人处事，是一种爱心的体现。拥有它，会使自己和他人都感到愉快。这种品质是可以培养的。

● 要注意培养孩子的责任心。在日常生活中，让他懂得他也是家庭中的一员，要一起做家务事，当然是力所能及的，在劳动活动中培养合作精神，学会宽容忍让。

● 培养孩子的孝心。要使孩子尊重父母，孝敬祖辈，不吃独食，不与长辈顶嘴，体谅长辈的辛苦，珍惜长辈的劳动成果。家庭成员之间相互关心，孩子也要懂得体贴。

● 不要有求必应。孩子必需的可满足，不合理的要限制，有些合理的也可延缓满足，以培养孩子的自制能力。

● 为孩子创造与同伴交往的机会。告诉孩子要与人为善，要为他人着想，使之在与同伴发生矛盾时体会到宽容可以化解矛盾，只有团结友爱、宽容谦让，才能享受与同伴交往的快乐。

● 营造一个温馨的家庭氛围。让孩子从小就生活在一个宽容友爱的家庭

环境中,使其在潜移默化的影响中,逐步形成稳定的宽容忍让的良好品质。

②如今的孩子大多是独生子女,孩子在学校里受了委屈,父母心疼得不得了。于是,有的父母如此"训导"孩子说:"别人对不起你,你就对不起他,别人若是打你,你就打他",也不问事情的缘由如何,这无疑就导致孩子在学校处理不好同学之间的关系。而且,很难想象在这样的环境下长大的孩子,将来会以怎样的心态面对他的亲人、朋友和社会?

有一篇文章是这样说的:一位母亲带孩子去外国旅游,结果由于随团的孩子较多,导游小姐一时疏忽将孩子落在了网球场,等找到孩子时,孩子因为一个人在空旷的场地受到惊吓,哭得非常伤心。不久孩子的妈妈来了,看到自己哭得惨兮兮的孩子。这位妈妈蹲下来安慰自己的女儿,并且很理性地告诉她:"已经没事了,那个姐姐因为找不到你而非常紧张,也十分难过,她不是故意的。现在你应该亲亲那个姐姐的脸,安慰她一下。"只见那个小女孩踮起脚尖,轻轻地亲吻蹲在地上的导游,并柔声告诉她:"别担心了,已经没事了。"

这位伟大母亲的宽容确实令人感动。宽容是什么?著名主持人白岩松在教育自己儿子时这样说:"如果所有的美德可以自选,孩子,你就先把宽容挑出来吧!也许平和与安静会很昂贵,不过拥有宽容,你就可以奢侈地消费它们。宽容能松弛别人,也能抚慰自己,它会让你把爱放在首位,万不得已才动用恨的武器;宽容会使你随和,让你把一些很重要的东西看得很轻;宽容还会使你不至于失眠,再大的不快,再激烈的冲突,都不会在宽容的心灵里过夜。于是每个清晨,你都会在希望中醒来。一旦你拥有宽容的美德,你将一生收获笑容。"其实在现实生活中,我们常常会碰到别人对不起自己或做了有损于自己的事情,对此,我们大可不必耿耿于怀,没必要过分计较,而能够一笑就过去,这就是宽容。

宽容是人的一种美德,教孩子学会宽容,尤为必要,这不仅仅是为了孩子今天能处理好同学关系,更是为孩子将来的幸福奠定基础。宽容的种子往往需要父母去播种,母亲让孩子去亲那位姐姐时,宽容的种子已经深深地植入孩子幼小的心灵了。

为人父母者,该怎么做呢?确实值得深思。

(2)让孩子学会宽容收获快乐

幼儿园的老师在带班过程中,常常遇到幼儿间发生打闹现象,孩子们轻则大哭一场,重则一方或双方受了伤,而追究起来无非是因为谁碰了谁一下或争抢玩具等小事引起的。《幼儿园快乐与发展课程》中,对大班幼儿提出了"尊重、赏识他人,有宽容心"的发展目标,应该说,这个目标是从教孩子学习与人相处、交往、学习怎样做人的出发点而制定的,是非常必要的。

①幼儿园如何培养?

• 教师会为幼儿创设尊重、赏识的环境,让每个幼儿感受到被尊重、被赏识,从而学会尊重、赏识、宽容别人。比如:每个班上都有一个展示全体幼儿作品的地方,老师会引导全班幼儿评价、欣赏每一件作品,这样可以使幼儿在增强自信心的同时,学会欣赏同伴,明白人各有所长的道理。

除了外在的环境,和谐美好的精神环境更为重要。教师与幼儿之间、幼儿与同伴之间友好相处,互相包容,形成一种良好的氛围,那么,生活在这个集体中的幼儿小小的心灵中就会埋下善良的种子,渐渐养成宽容的美德。

• 引导幼儿了解事物和人的多样性,能够正确对待和接纳别人与自己的不同。幼儿园里各种教育活动大多是以游戏的形式来进行的,但是教师会将一些浅显的道理、知识融入其中,如:在课上提问时,老师会对幼儿不同的意见给予鼓励和支持,引导幼儿从不同的角度理解别人的意见,而不是简单地肯定或否定。

• 让幼儿展示各自的强项,使他们认识到每个人都有自己的优点和强项,从而赏识、尊重他人。幼儿园里教师会提供给幼儿很多展示自己的机会,如:请语言能力强的幼儿给小朋友讲故事,请组织能力强的幼儿带领小朋友玩游戏。幼儿自己也会自发地显示出各自的才能,如:自理能力强的幼儿会主动帮助同伴穿衣、叠被;领悟能力强的幼儿会把老师教的本领传授给别的小朋友等。在这些活动中,幼儿会渐渐明白一个道理:每个人都有优点、强项,要互相学习、互相帮助、互相包容。

● 利用幼儿"犯错"的契机，使幼儿明白人人都有可能犯错误的道理，培养幼儿的宽容心。幼儿在一日生活中难免会有过失，这时，教师要善于把握时机，循循善诱，不仅使犯错误的幼儿改正错误，同时也诱导其他幼儿正确对待同伴的错误，学会原谅、容忍同伴的过失。

● 教师以自身的行为引导幼儿正确认识和对待别人的错误。幼儿园非常重视对教师职业道德的培养，包括教师的言行举止都有一定的规范。教师得体的举止，宽容大度的生活态度对身边的幼儿影响力是非常大的。

②家庭怎样配合教育？

● 营造温馨、和谐、友爱、宽容的家庭氛围。家庭成员之间彼此友爱、互相宽容、不争不抢，生活在其中的孩子会在潜移默化中受到影响，逐步形成宽容、忍让的良好品性。反之，孩子从小受到不良影响，将会影响他今后与人相处。

● 家长给孩子做好表率。教育家马卡连柯说："开始教育自己的子女之前，家长首先应该检点自身行为。"父母如果心胸狭窄，总是为一点小事争执不休或得理不饶人，孩子怎会学会宽容？父母作为孩子的第一任老师，拥有一颗宽容之心，宽容才会重现在孩子身上。

● 正确对待孩子与同伴之间的冲突。当孩子与同伴发生纠纷，特别是自己的孩子吃了亏时，家长一定要冷静，要先搞清事情的缘由，再与对方家长、老师协商解决，切不可冲动地责骂对方，或怪自己的孩子笨、没本事，甚至教自己的孩子用拳头去"还击"对方。家长要明白一个道理：在漫长的人生道路上，人与人之间的摩擦冲突是不可避免的，冷静处理才是上策。父母在孩子幼年时处理问题的方法，会给孩子留下深刻的印象，对孩子一生影响极大。

● 用儿歌、图片、故事等教育孩子学会理解别人，学会宽容。家长可以选择一些连环画、图片等给幼儿看，还可把生活中的理解、关心、友爱、宽容等内容的事情，编成琅琅上口的儿歌和短小易懂的故事，讲给孩子听，使孩子知道宽容是一种美德。

3
百善孝为先，让孩子有孝心

一个年仅三岁的小孩儿，在父母上班之后陪伴着瘫痪在床的奶奶。奶奶该吃饭了，他把父母做好温在锅里的饭菜慢慢端到奶奶床上；奶奶要解手，他把便盆送到奶奶身边……

百善孝为先，面对这样有孝心的孩子，许多人不仅为之动容，有了孩子的家长也非常希望自己的孩子能学习他们的懂事和孝顺。

但现实生活中，相当数量的孩子，却是全然不懂得孝敬父母、孝敬长辈。特别在一些独生子女家庭里，甚至出现了"孝敬"对象颠倒的现象，难怪有人半认真半开玩笑地说："孝子，孝子，孝敬儿子。"

你的孩子对你孝敬吗？他是否理解你的关爱？是否珍惜你的劳动成果？对你的正确教育、意见和建议是否乐于接受？面对着诸如此类的问题。不管你做出了多少肯定地回答，请不要忘了对孩子"孝心"的培养。

教育最重要的就是教孩子学做人，学处世。

做什么样的人呢？做孝敬父母的人，做诚实正直的人，做自尊、自爱、自信、自强的人。其中教孩子孝敬父母是最主要的，是一切道德的基础，是做人的根本。我国历史上著名的思想家、教育家孔子说："孝悌者，为人之本也。"孝为"百德之首，百善之先"。

在家庭生活中，常常可以看到这样的情景：吃过饭后，孩子扭头看电

视或出去玩,家长却在忙碌着收拾碗筷;家里有好吃的,家长总是先让孩子品尝,孩子却很少请家长先吃;孩子一旦生病,家长便忙前忙后,百般关照,而家长身体不适,孩子却很少问候。凡此种种,值得忧虑。

这种现象,我们称为"四二一综合溺爱症"。一是指一个独生子女,二是指爸爸、妈妈,四是指爷爷、奶奶、姥姥、姥爷。独生子女成为家里的小皇帝、小公主,全家人对他(她)百般疼爱、千般关心、万般呵护,使孩子不自觉地养成娇惯、任性、懒惰、自私的不良习惯。

(1)孝心该怎样培养

孝敬父母是中华民族的传统美德,也是各种品德形成的前提。试想一个人连父母都不爱、不敬、不孝,怎么会爱朋友、爱同学、爱老师,成为一个人格健全的人呢?

①孝心是怎样培养出来的。孝敬父母包括子女对父母的亲爱之情、敬爱之心、侍奉供养之行。但对幼小的孩子"孝心"的教育必须根据其年龄特点,以下几种基本教育方法可供参考:

● 身教重于言教。

有这样一则广告:一位刚下班的年轻妈妈,忙完了家务,又端水给老人洗脚,老人对她说:"孩子,歇会儿吧!别累坏了身子。"她笑笑说:"妈,不累。"年轻妈妈的言行举止被只有三四岁的儿子看到了,儿子一声不响地端来一盆水。年幼的儿子吃力地端着那盆水,摇摇晃晃地向妈妈走来。盆里的水溅了出来,溅了孩子一身,可孩子仍是一脸的灿烂。把水放在母亲的脚下,为母亲洗起了脚。广告画面定格在这儿,广告语说:"父母是孩子最好的老师"。是啊,孝心就是这样学会的,就是这样传递的,孝心就是在父母的榜样下养成的。因此,要想培养孩子的一颗孝心、懂得爱,家长首先要以身作则,要做孝敬长辈的楷模,因为"身教重于言教"。

● 学会感恩。

要让孩子学会感恩。感恩源于良心、良知,这是孝心的亲情基础。然而,感恩这种情感不是自然而然产生的,必须通过教育。做家长的应有意识地让孩子体会父母的辛苦,体会父母挣钱养家的不容易,体会父母对孩

子的爱,体会父母也同样需要孩子的关心和爱。因此家长不妨经常给孩子讲讲自己一天的情况:起床、做饭、洗衣服、整理家务、上班等,让孩子体会到自己如何关心孩子,如:孩子生病了,父母怎样心疼,怎样整夜地不睡觉护理孩子……细节最能感染人。知恩就要感恩,感恩就要报恩。要让孩子从小养成关心父母、体贴父母、爱护父母的好习惯,如为妈妈梳梳头,给爸爸捶捶背,等等。

● 从小抓起、从小事做起。

让孩子养成孝敬父母的好习惯,要从一点一滴的小事着手塑造和培养。如:平时教育孩子要关心父母的健康,要帮父母分担忧愁,要帮助父母做家务。当孩子不会时,父母要耐心地教,孩子做错事时,不要横加指责,孩子做得好时,要多表扬鼓励。孩子只有在亲身实践和体验中才能体会到父母的辛苦,尝到为别人付出的快乐。当孩子心中"父母养育了我,我应当为他们多做事"的观念逐渐形成时,孩子就有了一份生命的义务感和责任感。这也是当代孩子最缺乏的。因为他们平时只知道接受爱,而不知道付出爱,没有学会关心和感激。家长千万不要这样想:孩子还年幼,主要任务是学习,只要学习好了,什么也不用干,而是要转变观念,不要以学习成绩作为唯一的评价标准,好孩子的标准是多方面的,孝敬父母就是一个重要的标准。常言道:"三岁看大,八岁看老"。因为习惯成自然,从小养成的不良习惯长大了也是难以改变的。

②培养孩子的孝道,得从小抓起。所以培养孩子的孝心,必须从小抓起

● 让孩子明白道理。

让孩子从小知道,孝心是中华民族的传统美德,没有孝心的孩子不是好孩子。还要让孩子知道怎样做才算是有孝心。让孩子知道妈妈十月怀胎的艰辛,知道父母的养育之恩。有孝心的孩子,懂礼貌,责己严,能为父母分忧解难。为了明理,多给孩子讲些古今故事,通过形象去理解。

● 给孩子实践机会。

真正的孝心要通过实践去培养。平时,孩子应分担家里的一些事情,

让他负起责任来。遇有为难的事情,讲给孩子听,让他一起出主意想办法。长辈身体不舒服或生了病,告诉孩子应该做哪些事情,并付诸行动。久而久之,孝心会在孩子身上扎根。

● 父母应做好榜样。

父母对自己父母的孝心如何,会直接影响孩子。真孝心、假孝心,这些都骗不过孩子的双眼。因此,为人父母要对自己的孝心做一番反省,在自己身上求真,孝心的种子才会播撒到孩子心里去。

● 在关心孩子的过程中培养孝心。

③制定家规。国有国法,家有家规。没有规矩,不成方圆。一个家庭需要民主,不可家长制、一言堂,但必要的家规是不可缺少的。家长可与孩子共同商量,制定"孝敬父母"行为规范。要了解父母,要亲近父母,要关心父母,要尊重父母,要体贴父母。不要影响父母工作与休息,不要惹父母生气,不要顶撞父母,不要独占独享,不要攀比享受。还有:记住爸爸妈妈的生日;自己的事情自己做;当一天家长;单独走一次亲戚;和爸爸(妈妈)共上一天班。

④亲子互动。家长要与孩子多交流、多沟通,共同做游戏,共同搞活动,亲子共读一篇文章。如《孝心无价》;亲子共唱一首歌,如《一封家书》、《常回家看看》、《烛光里的妈妈》、《世上只有妈妈好》、《妈妈的吻》、《母亲颂》等;亲子共诵一首诗词,如《游子吟》、《妈妈的雨季》、《妈妈,我的守护神》等。在亲子互动的活动中,不仅可以尽情地享受天伦之乐,而且可以在潜移默化中使孩子养成孝敬长辈的好品德。

⑤家校配合。家长可主动与学校配合,请老师给学生出家庭调查问卷,要求学生以"父母习惯知多少"为题回家访问父母。

参考题目如下:

● 父母一天的作息时间安排。

● 父母一天都做了哪些工作,工作多少时间,劳动强度如何,平均获得多少劳动报酬?

● 父母回家都做了哪些家务,花了多少时间?

● 父母为子女做了哪些事情,花费多少时间?

● 你了解父母的兴趣爱好、身体状况、生活习惯吗?

● 你是否体会到父母的辛苦,是否体谅父母?

● 你平常对父母采取什么态度? 在调查的基础上,制订一个与父母沟通、孝敬父母的方案。

(2)父母是培养孩子孝心的第一人

尽管每一位为人父母者都希望自己的孩子将来长大成人能够有孝心,尽管大家都知道孝敬父母长辈是中华民族的传统美德,然而在教育孩子时,又往往忽略这方面的内容。据调查,许多父母对孩子孝敬长辈的要求是很低的。孩子上学离家时能说:"爸爸妈妈,我走了,再见!"放学回家见到父母能说:"爸爸妈妈好,我回来了。"就相当满意。如果孩子在拿到好吃的东西时,举手让一让爷爷奶奶、爸爸妈妈,长辈们则觉得孩子非常乖。这是把孝心降低到一般文明礼貌来看待了。有孝心的人固然要讲文明礼貌,更重要的是要懂得真正关心父母长辈,在需要为父母长辈付出辛劳时自学自愿,而且形成习惯。

一旦孩子拥有"真孝心",对他而言,这是一种前进的动力。真孝敬长辈,就应该听从长辈的教诲,不应随便顶撞,有不同想法应讲道理;真孝敬长辈,就应该严格要求自己,体谅长辈的艰辛,尽可能少让长辈为自己操心;真孝敬长辈,就应该为父母分忧解难,在父母生病时,在父母有困难时,尽力去关心照顾父母、协助父母;真孝敬长辈,就应该刻苦学习,努力求知,让父母少为自己的学习担忧;真孝敬长辈,就应该在离家外出时,自己照顾好自己,注意安全,外出时间较长,应及时向父母汇报情况……总之,真正的孝心要体现在言行上。

孝心是充满爱心的伦理行为,应该重视以情育情。当然,父母的关心、爱心要适度、适时。

①有无孝敬父母的习惯,不单单是子女与父母的关系,其实质是一个能否关心他人的大问题。在家里能养成孝敬父母的好习惯,到社会中才有可能做到关心同事,也才有可能做到对祖国的忠诚。因此我们千万不

能忽视培养孩子尊敬长者、孝敬父母的好习惯。

怎样培养孩子养成孝敬父母的好习惯呢？

● 要让孩子了解父母为他和家庭所付出的辛苦。现在不少孩子不知道父母的钱是怎样得来的，只知道向父母要钱买这买那，认为父母给孩子吃好、穿好、用好是天经地义的。这样的孩子怎么会从心底里孝敬父母呢？为此，父母应当有意识地经常把自己在外工作和收入的情况告诉孩子，说得越具体越好，从而让孩子明白父母的钱得来不易。自然，孩子会逐渐珍惜自己的生活，也会从心底里产生对父母的感激和敬重。

● 要从小事入手训练、培养孩子孝敬父母的行为习惯。教育子女孝敬父母的一般要求是：听从父母教导，关心父母健康，分担父母忧愁，参与家务劳动，不给父母添乱。要把这些要求变为孩子的实际行动，就应当从日常小事抓起。如关心家长健康方面：要求孩子每天要问候下班回家的父母亲；当父母劳累时，孩子应主动帮助或请父母休息一下；当父母外出时，孩子应提醒父母是否遗忘东西或注意天气变化；当父母有病时，孩子应主动照顾，多说宽慰话，替他们接待客人等。孩子应承担必须完成的家务劳动，根据孩子的年龄、能力、学习情况，合理分配，具体指导，耐心训练，热情鼓励。这样不但有利于孩子养成家务劳动的习惯，也有利于孩子不断增强孝敬父母的观念："父母养育了我，我应为他们多做事。"

● 要以身作则，父母本人要做孝敬长辈的楷模。孩子对待父母的态度，直接受父母对待长辈态度的影响。有一个故事是值得借鉴的：从前有一对中年夫妇对年迈的父母很不孝顺，他们把老人撵到一间破旧的小屋里居住，每顿饭用小木碗送一些不好吃的东西给老人。一天，他们看到自己的儿子在雕刻一块木头，就问孩子刻的是什么，孩子说："刻木碗，等你们年纪大时好用。"这时，这对中年夫妇猛然醒悟，把自己的父母请回正屋同自己一起居住，扔掉了那只小木碗，拿出家里最好吃的东西给老人吃。小孩因此也转变了对他们的态度，从此一家三代和睦生活。可见，父母的榜样，对孩子的影响有多大。

现在有些家长冷落自己父母的情况还是存在的，他们不仅不照顾自

己的父母,反而千方百计"搜刮"老人们的财物,这给孩子的影响更不好了。因此,我们不仅要管好自己的小家庭,还要时刻不忘照顾年迈的父母亲,绝不能添了孩子就忘了父母。如果说平时因居住地较远、工作较忙不能和老人朝夕相处,那么在休假日要尽量抽时间带上孩子去看望老人,帮老人做些家务,同老人共聚同乐,尽一份子女应尽的责任和义务。如此日长时久,孩子耳濡目染,潜移默化,也会逐步养成尊敬长辈、孝敬父母的好习惯。

②父母是孩子第一任老师。还有更重要的一点是:孝顺的孩子都不是宠出来的。

● 身体力行,用自己的行动去教育你的孩子。你怎样对待你的长辈,你的孩子将来就会怎样对待你。

● 看你的孩子多大,如果小的话可以用些这方面的小故事来教育他。

● 尽量不要用说教的方式,这样孩子会反感,尤其当他到叛逆期的时候,只会起到相反的效果。

● 买些涉及这方面的动画书,不一定要以"孝"为主题,只要其中有这方面的内容就可以,要在潜移默化中进行教育。

● 不要一味地溺爱他,偶尔要教训教训他。

最后,必须指出的是,孝心从封建时代传下来,旧时代讲孝心有一些糟粕内容,如"不孝有三,无后为大"、"天下无不是的父母"等是应该批判的。因此,在培养孩子孝心的时候还要有一定的鉴别。

4
鼓励孩子说谢谢

学会感谢不仅仅是一个礼貌问题。一个孩子在从小到大的成长过程中,一定有许多人为他付出过很多。而现在的孩子几乎都是独生子女,几乎成了家里的中心,他们早已经习惯了不断地获取,觉得别人为他做的任何事情都是应该的,而不知道自己应该学会感谢,学会为别人付出。时间一长,许多孩子养成了唯我独尊的习惯,认为别人的付出都是理所当然,而这样下去的结果会使他们缺少爱心,缺少责任感。

（1）做孩子的榜样

如果你不是一个经常感谢他人的人,那么你的孩子也会和你一样。孩子的学习就是一个不断模仿的过程,而模仿的对象往往就是自己的父母。所以,想让孩子成为一个懂得感谢的孩子,那么你也要给他做出榜样,无论什么时候,都别忘了说一声谢谢或者做一些动作,如拥抱等,来表达你感谢的心情。

（2）让孩子体会被人感谢所带来的快乐

让孩子学会感谢最好的办法就是让他从中感受到快乐。比如,你可以让孩子帮你做一些他力所能及的事情,然后谢谢他,也可以让孩子去帮助他身边可以帮助的人。让孩子在帮助别人,并得到别人感谢的同时,感受到快乐。如果被帮助的人没有回应,孩子虽然会很失望,但正是这种失望的经历正好可以

用来提醒他下一次,如果有人帮助了他,那么一定要说谢谢。

(3)让孩子回想一下别人曾给予他的帮助

找一个合适的时机,静静地和孩子一起谈论一下,家里的每个人是如何互相帮助、互相照顾的。每一个人都为彼此做了些什么,让孩子能感受到每个人对别人的贡献有多大。平时也可以和孩子说说,如大米是怎么来的,玩具是怎么生产出来的,这些都是农民伯伯和工人叔叔的辛勤工作才创造出来的。帮助孩子更好地理解每个人都需要别人的帮助和付出,才能得到自己需要的东西。

(4)鼓励孩子用独特的方式表达感激之情

鼓励孩子在家人生日、教师节等时刻自己画一些画,或者写一些字,做一些表达谢意和祝福的卡片。既让孩子表达了自己的心意,也让整个过程充满了创意和快乐。

(5)定一个感谢制度

你可以定一个感谢制度,例如在饭后,全家人可以坐在一起,轮流说说今天最让自己高兴的事情是什么,并感谢参与此事的每一个人。

(6)让孩子也分担一些家务

例如,饭前摆一下碗筷,整理一下自己的玩具,浇一下花等。做完以后,你可以对他表示感谢。要让孩子意识到自己是家里的一分子,意识到他对于家庭的责任,并感谢家人的付出。

(7)让孩子关心那些不幸的人

你不要指望可以通过诸如"快点吃饭,你知不知道在非洲,很多像你这样的孩子连饭也没得吃!"之类的话,让孩子感受到自己是多么幸福。小孩子对生活在另外一个地方的人是没有概念的,而大一点的孩子已经知道自己吃饭不吃饭对非洲的孩子是一点影响也没有的。那么应该如何让孩子有一个关心他人不幸的初步观念呢?你可以和孩子一起整理一些他的衣服、玩具、用品等,挑选出一些捐献给需要帮助的人。

当然,我们不能、也不应该要求孩子每次都能在我们给他一个拥抱的时候感激涕零。但我们却有理由希望通过点滴的指导和时间,让他慢慢

地感受和表达对周围人和事物,对生活的感激之情。这样,你的孩子和你的家庭会更加幸福快乐。

下面这个表是以年龄为界线,描述各个年龄段孩子的特点,根据这些特点家长可以采用不同的鼓励方法。

年　龄	特　　点	父母该做些什么
1～3岁	●不能理解别人也有情感。 ●因为他能为自己做的事情很少,所以需要别人帮助他做很多事情。 ●可以遵循简单的、一步步的指令。	●鼓励孩子说"请"和"谢谢",但不要指望他会自发这么做。 ●让孩子做一些简单的家务劳动。比如整理自己的玩具。
3～7岁	●开始意识到,人们可以自己选择以什么方式对待他人。 ●时间观念不强。 ●能够遵循比较复杂的指令,并渐渐地渴望自己能做得令人满意。	●和孩子谈论,当他感谢别人,或者不感谢别人时,别人将会有怎样的心情,让他知道什么是充满善意的行为。 ●用简单而容易理解的方式,向孩子解释"时间"。 ●详细明确地告诉孩子他应该怎么做。如,被人送他东西,要说谢谢。 ●用赞扬和鼓励巩固孩子的感谢行为。
7～9岁	●孩子渐渐发展出一种参与和处理各种行为的能力,如组织生日、做家务劳动。 ●孩子开始有了移情的能力,会为别人的高兴而高兴,为别人的伤心而伤心。	●带孩子一起劳动,和孩子一起谈论你的工作,以此增加孩子对责任感的理解。 ●鼓励孩子用自己的方式表达感谢。即使别人送的东西不合他心意,也要表现出愉悦和感谢。
9～12岁	●希望能从父母那里得到更多的自主自立的机会,这对这一年龄段的孩子是很关键的。 ●发现自己与众不同的特性。	●鼓励他独立参加各种捐献活动。 ●你在孩子面前做感谢榜样的时候,要特别真诚由衷。否则孩子将很快发现你的言不由衷。 ●通过对孩子进行正确评价,加强他的自我肯定。

5
让孩子学会感恩

（1）感恩——人生的一堂必修课

①心存感恩，知足惜福。人的一生中会遇到许许多多值得回忆和留恋的人，包括亲人、爱人、同学、朋友、老师等。这些人在我们每个人的生命旅程中，都曾给过我们关爱，给过我们帮助，他们是我们终身感恩至念的人。没有阳光，就没有日子的温暖；没有雨露，就没有五谷的丰登；没有水源，就没有生命；没有父母，就没有我们自己；没有亲情、爱情和友情，就没有爱的温暖相伴……

感恩，让我们以知足的心去体察和珍惜身边的人、事、物；感恩，让我们在渐渐平淡麻木的日子里，发现生活本是如此丰厚而富有；感恩，让我们领悟和品味命运的馈赠与生命的激情。

感谢天地，感谢命运，天地宽阔，道路坎坷，但只要心中有爱，心存感恩，我们就会努力，我们就可以前行。

如今，独生子女越来越多，他们在优越的家庭环境中成长，这本是一件好事，但同时也养成他们种种不良习惯和行为，如饭来张口、衣来伸手，情感脆弱，凡事唯我独尊，对父母的苦心不理解，对他人缺少关心。其实，就是他们缺乏感恩之心。因此，对孩子的感恩教育被摆到了当前教育的首要位置上。

②感恩，是一个人善心、爱心、良心的综合表现，不仅是道德的根本，而且是社会公德的根基。感恩是人际关系的第一台阶，是做人的基本要求，是关心他人、热爱祖国等品德形成的起点。对孩子进行感恩教育要趁早做起，从细节入手。播种思想才能收获行为，积累行为才能收获习惯，从小引导就能积少成多，聚小成大，由表入心。

孩子要有感恩之心，要先学会感动。情感体验是引发孩子感动的渠道之一，它强调人的内心感受。其实，在学校生活和家庭生活中，对孩子点点滴滴的爱意，都伴随着感恩教育的机会。要让生活充满感动的场景，让孩子在一个个生活细节中感知：从嗷嗷待哺到蹒跚学步，从贪玩到会做事，从爱学习到会做人，每一个成长的脚印，都融入了老师和家长无穷无尽的爱意。孩子能感受到这种爱意，就是感动的开始。

感激在我们大家中间，是阳光，是雨露，是头顶永远晶莹闪烁的星辰，也是我们首先要教会自己孩子的一种生活习惯。应当说，父母对孩子的爱是需要得到精神和物质的回报的。一旦孩子懂得回报了，父母的爱才有积极的意义。那么，如何教育孩子学会感恩呢？

● 将感恩习惯的养成教育渗透于日常生活之中。让孩子从小就浸润在感恩的环境里，真心感受，再通过家长的言传身教，使之耳濡目染，并内化于人格之中。要利用一切可以利用的契机对孩子进行教育，如：告诉他这件衣服是爸爸给你的，你要感谢爸爸；这本书是哥哥姐姐送你的，你要谢谢哥哥姐姐。时时言感谢，事事存感恩。

● 要充分利用各种节日作为教育的载体。如：春节时要教孩子热情接受爷爷、奶奶及其他亲属送给他的礼物，并表示感谢，不管价钱多少，回到家里都要求孩子妥善保管，学会珍惜别人的情意；教师节，让孩子亲手制作贺卡送给老师，表达对老师的美好祝愿；父亲节和母亲节，对爸爸妈妈说几句感谢的话语，不一定感谢爸爸妈妈给他们帮了多大的忙，而只需表达生活中感觉很幸福的一点一滴。

● 组织相关活动，让孩子在对比中感知幸福，学会感恩。可以带小孩到孤儿院或伤残医院参观，可以鼓励、组织孩子与贫困地区的孩子结对交

友等,让孩子在对比中体会过去不懂、不在意因而也不会珍惜的东西,改变孩子的冷漠,从而引发其慈悲心、惜福心、感恩心。

总之,在当前,对孩子的智力投资是必不可少的,但德育方面的培养也十分重要,感恩教育就是重要的内容之一。要让孩子知道感恩是一种品德,需要父母们从小对其进行培养,而这种培养需要亲情的精心抚育,在孩子的成长阶段,就有意识地重视"感恩"这方面的教育和培养,并通过家庭、学校和社会的共同努力,最终把孩子们培养为社会真正需要的人才。

(2)感恩也是一种品德

感恩是一种生活态度,是一种品德,是一片肺腑之言,如果人与人之间缺乏感恩之心,必然会导致人际关系的冷淡,所以,每个人都应该学会感恩,这对现在的孩子来说尤其重要。因为,现在的孩子都是家庭的中心,他们只知有自己,不知爱别人。所以,要让他们学会感恩,其实就是让他们学会懂得尊重他人,对他人的帮助时时怀有感激之心,感恩教育是让孩子知道每个人都在享受着别人通过付出给自己带来的快乐的生活。当孩子们感谢他人的善行时,第一反应常常是今后自己也应该这样做,这就给孩子一种行为上的暗示,让他们从小知道爱别人、帮助别人。

①让孩子学会感恩。曾经有一位哲人说过:世界上最大的悲剧或不幸,就是一个人大言不惭地说没有人给我任何东西。而西方的感恩节,正是要教化人们学会感恩。

让孩子学会感恩,首先要从家庭教育开始,在孩子小的时候就着手进行这种教育,使孩子对父母、长辈的爱成为自然的、发自内心的,这样我们的教育才是成功和有效的。具体措施如下:

● 父母必须以身作则,以自己爱长辈的行动影响孩子。

因此,做父母的,平时无论工作有多忙、多累,都别忘了在假期带上孩子去看望双方的老人;春暖花开时带上孩子一起陪老人去公园赏花观景;过年过节、老人生日时和孩子一起为老人选购礼物;朋友送来的稀有食物先给老人留出一份;等等。用你对长辈的关爱言行,来不知不觉地慢慢影

响、感染孩子,使之能深深地印刻在孩子的心灵上。同时,在家庭生活中,父母、子女间要相互尊重、关爱和体贴,既要共同承担家庭的责任和义务,又要共同分享家庭的利益,相互间要多用"行"、"谢谢"、"对不起"等语言。

● 经常给予孩子道德信仰的灌输。

作为父母,在以自己的行动来影响感染孩子的同时,还要对孩子进行正面的教育和引导,要教育孩子树立良好的道德风尚和积极向上的心态,能分清什么是真、善、美,什么是假、丑、恶,知道自己将来应该成为一个什么样的人;帮助孩子确立健康的信仰,并经常鼓励孩子为这个信仰去追求、去努力;要让孩子懂得宽以待人,与人为善的道理,学会在生活中如何尊重他人、关心他人,无论是与家人团聚,还是与伙伴交往,都不能称王称霸,不以"自己"为中心,绝不能做损害他人利益的事情。在正常的人际交往中,要乐于助人,时刻不能忘记感恩,时常要想到自己最感谢的人或事,学会赞美他人与保持微笑,缩短人与人之间的距离,通过彼此互动,来培养感恩之心。

● 培养孩子的家庭责任感和社会荣誉感。

根据孩子年龄,经常有意识地指导孩子做一些家务劳动,培养孩子的独立生活能力、生活自理能力与做事能力;同时,鼓励和支持孩子积极参与社区服务活动,如:开展小区环境卫生治理、安全防范宣传以及帮助孤寡老人等公益性活动,要乐于助人,关心他人等。从而感受到为他人服务是一件快乐的事,体验父母的辛劳,更加珍惜家庭的幸福生活。

学校在注重文化知识教育的同时,要进一步加强德育方面的教育,培养孩子养成感恩这一良好的思想品德,懂得尊重他人,发现自我价值。这样,才能让孩子以平等的眼光看待每一个生命,看待身边的每一个人,也更加尊重自己。

②感恩的 36 种方法。

第 1 种方法:感恩首先要知恩。

第 2 种方法:父母要做好表率。

第 3 种方法:从小培养孩子的感恩习惯。

第 4 种方法:让孩子在对比中感受恩情。

第 5 种方法:让孩子体味生活的艰辛。

第 6 种方法:让孩子懂得回报他人的恩情。

第 7 种方法:生活中处处实践"分享"。

第 8 种方法:随时随地启发孩子的感恩意识。

第 9 种方法:在日常娱乐中让孩子懂得感恩。

第 10 种方法:感恩要注重平时的小事小节。

第 11 种方法:利用各种节日做载体。

第 12 种方法:对孩子的爱要适度。

第 13 种方法:教孩子体味他人的爱。

第 14 种方法:坦然接受孩子的爱。

第 15 种方法:教孩子与人和谐相处。

第 16 种方法:感恩从说"谢谢"开始。

第 17 种方法:从感恩身边的人做起。

第 18 种方法:在困境中亦要学会感恩。

第 19 种方法:不抱怨等于感恩。

第 20 种方法:让孩子懂得付出。

第 21 种方法:带孩子到大自然中去。

第 22 种方法:让孩子学会爱惜动物。

第 23 种方法:培养孩子的责任感。

第 24 种方法:尊重他人是感恩的基础。

第 25 种方法:培养孩子的关爱之心。

第 26 种方法:培养孩子的善良之心。

第 27 种方法:培养孩子的同情心。

第 28 种方法:培养孩子的宽容心。

第 29 种方法:谦逊亦是一种感恩。

第 30 种方法:培养孩子与人合作的精神。

好情商和性格成就孩子的一生

第六章

对孩子进行必要的管教

1
合理的体罚和管教是必要的

中国传统的教育方法中,对孩子实行"必要的体罚"是一个重要的内容,"棍棒出孝子"的古训流传至今。常见的"体罚",大致有以下几种:棒打、罚站、打巴掌、拧屁股、禁闭以及下跪告饶等。随着社会文明程度的提高,一些野蛮的教育方法逐渐被人们所否定,有的教育学家还反复呼吁,必须制止对孩子实行任何形式的体罚。那么,我们真的可以放弃体罚了吗?

体罚无疑是家庭教育中的极端做法,对孩子具有相当的震慑力,效果迅速,但一旦不慎,副作用也显而易见。例如,一个小孩每天在学校里吃营养午餐,性情暴躁的父亲若发现他剩着饭菜回家,揪过来便一阵痛打。久而久之,孩子学会了欺骗,遇上不合胃口的饭菜不想吃,索性倒进垃圾箱,这样他回家时饭盒总是空的。

体罚容易导致孩子撒谎和欺骗,也容易使他们行为反常、性格怪僻。有的家长因望子成龙心切,凡孩子考试考出 95 分以下,一律罚站一晚上。渐渐地,孩子一听考试两字就本能地产生全身痉挛,若考试不够理想更不敢回家。平日间也显得性格锁闭、情绪沮丧,学习成绩反而一落千丈。

有关体罚的副作用自然还可以列举出很多,然而,倘若家长一味地实行"正面教育",只赏不罚,宠爱无度,毫无权威性,没有威慑力,就一定有

利于孩子的成长么?

　　在某家大型商场的玩具柜台前,一位 5 岁左右的小女孩紧抱住一件体积庞大的电动玩具放声大哭,逼使家长掏钱购买。年轻的父母好话说尽,女孩不但不听,反而哭得更厉害,甚至还用脚乱蹬乱踢,惹得周围的顾客都把目光投向这里,父母脸上好不尴尬。无奈之下,父亲只得向小女孩警告似地亮起巴掌:"我们到店里是来买衣服的,说好了不买玩具,如果你再这样哭闹,我就要教训你!"小女孩不加理睬继续大哭,父母手起掌落,在她屁股上狠拍了几下。受了一点皮肉之痛的小女孩不由得瞪大泪眼,看着一脸认真的父母,又看了看周围的顾客,竟然偃旗息鼓。显然,孩子感受到了来自家长的不可抗拒的威力,这种威力促使孩子放弃了原本的无理要求,同时也明白了只有尊重家长才能获得自尊的道理。

　　爱护孩子,让他们的身心健康成长,不能光靠褒奖,同时也需要适当的"违规处罚",这种处罚尽管是有限度的,但它绝不可缺少。我们必须放弃的只是滥用无度、发泄家长自身情绪的"体罚",这样的体罚当然会适得其反,其后果已见上文。其实,家长对孩子实行体罚,只要能把握住以下几条,基本上就能起到良好的教育效果:

　　(1)以理为先

　　能用平常道理有效说服孩子的,绝不可体罚;能以"即将体罚"作为警告让孩子慑服的,就不必再付诸实际的体罚。类似"打得孩子见到父母就怕"的体罚做法、不问情由不论是非地乱揪乱打的做法,不仅会使孩子产生抵触反抗情绪,家长的形象在孩子的心目中也往往会变得不公正、不令人敬佩,无法获得应有的教育效果,甚至还伤害孩子,适得其反。

　　(2)体罚前先予以警告

　　家长要让孩子知道遭受皮肉之苦是由自己引起,如果乖乖听话就不会有此等后果的道理,以使他们改正缺点,吸取教训。一个 9 岁的男孩生性顽皮,父亲每次听说他惹了麻烦,就立即揪来体罚。年幼的孩子没搞懂为何挨打,只知道挨打是由自己招来。事先不警告、事后更不说明体罚原因,这种"为体罚而体罚"的体罚毫无正面意义。

（3）让孩子真心承认错误

家长体罚了子女之后，应让孩子再以必要形式向父母真心承认错误，不能打过算数，痛过了事。如让年幼的孩子用语言向父母作出改好的保证，已会写字的孩子也可以日记之类的形式承认错误、记住教训。同时，家长也应维护遭受体罚的孩子的自尊心，不使他们"破罐破摔"，以实际行动"将功补过"的，应该及时予以表扬肯定，不给孩子留下体罚后的"心灵创伤"。

（4）控制次数，不用蛮力

体罚本身终究不是目的，因此就没有必要急于动手，更没必要将孩子打重打伤。有很多时候，即使你打得再厉害，孩子也未必会明白其中道理、及时改正错误。关于不懂教育方法、缺乏理智和人性的家长殴打孩子致伤致残、酿成恶果的报道和案例，近年来时有所见，家长也应当引以为戒。

2

批评孩子也需讲究技巧

胡乱把孩子训斥一顿哪个父母都会,可要批评得好、批评得有效果就是一种艺术了,批评艺术的高低往往直接决定批评的效果。为引导孩子形成健康人格,为人父母者首先应当学习批评孩子的艺术,关键在于批评的人是否把握批评的艺术和方法,那怎样的批评是有益的呢?

(1)要有明确的目的

为什么要批评孩子,一般的家长都是非常清楚的,可有时一急就忘了目的,而采取不正当的方法,使孩子感到挨批评并不是因为自己犯了错误,而是因为家长急了。所以批评孩子时家长头脑一定要清醒。要记住批评不是目的,是手段。

批评的目的绝不是使孩子心灰意冷、垂头丧气,而是帮助孩子认识错误,丢掉缺点,大踏步地前进。批评孩子的目的绝不是自己出出气,而是为了教育孩子。批评孩子也绝不是单纯因为孩子伤害了家长,不是因为孩子的过失给自己丢了面子,使自己伤了心、生了气,而是因为孩子的思想言行违背了社会的道德要求,如果不及时给以强刺激,孩子的缺点、错误就会越来越严重。为了挽救孩子,为了使孩子得到警戒才批评孩子。如果这个目的自始至终十分明确,家长就会理智、冷静地对孩子进行批评而不会为出气,说出格的话、做过火的行为了。

（2）要尊重孩子的人格

孩子犯了错，家长在批评孩子时候往往有很强的唯我独尊意识，批评刚刚开始，双方已出现了严重的心理壁垒。家长不要忘记，孩子也有他自己的情感和人格。批评并非是横眉立目、训斥、挖苦，是以理服人，而不是以威压人。

有些家长批评孩子像以前的警察审问犯人一样，气氛过分紧张，甚至连吼带叫"当初我就不该生你！""闭嘴！你这个小混蛋！"……同时，伴随着圆睁的双目和尖厉的叫喊，这些表情、动作构成一个强烈的刺激，使孩子对这些话终身难忘。他们可能会因此认为：原来爸爸妈妈是这样看待我的。他们怎么能接受你的批评教育呢。因此，家长在批评孩子的时候一定要尊重孩子的人格，要注意谈话时候的表情，要消除孩子对待批评的自我防护意识，从而形成宽松的谈话氛围。

（3）要让孩子知道自己为什么挨批评

"人非圣贤，孰能无过"，尤其是孩子，更容易犯错误。作为父母，当孩子犯错误时，不要急于批评，先要问一问原因。不能只是一味地责骂，那样只会更加伤害孩子。家长在问清楚孩子犯错的原因后，要及时对孩子说明他的错误何在，这样才能使他们充分地反省，改正错误。

（4）要让孩子明白，怎样做才不会再犯相同的错误

批评的目的，不在批评本身，只是批评，并没有多大的意义。有经验的父母，对犯错误的孩子不会一味简单地批评、训斥、指责，而是像知心的好友和有经验的顾问一样，坐在孩子身旁，耐心地启发、引导孩子，帮助孩子自己弄清错误所在，自愿表示在今后如何改正、不再重犯。这样，比直截了当的批评更容易使孩子接受，也更能提高孩子解决自身问题的能力。

（5）要注意态度

孩子犯了错，家长往往比较生气，一气之下就会又打又骂，这样不好。孩子犯错误，家长生气是可以理解的，但打骂孩子却是不正确的。家长不姑息、不纵容、严格要求孩子是完全正确的，但讽刺、挖苦孩子却是错误的。要取得批评的效果，家长一定要注意态度，不少家长失败的原因不是

因自己的动机而是因自己的态度。对孩子的批评可以严肃,但不能粗暴,是真诚的,善意的,孩子就容易接受,这才有利于孩子改正错误。如果孩子感到你是成心与他过不去,你说多少也没有效果。

孩子不接受批评往往不是因为家长的道理不对,而是因为他们不能接受家长那咄咄逼人的态度。孩子犯错误,父母如能选择合适的时间、地点进行批评、教育,会更容易达到预期目的,收到较好效果。如:放学后单独与孩子谈谈,在与孩子一块回家的路上聊聊,打电话与孩子说说等。如果不分时间、地点、场合地训斥、指责,只会挫伤孩子自尊,引起他的反感,甚至会使孩子产生逆反心理。

(6)要公正合理、恰如其分

有些家长看到孩子犯错误就急了,批评起来过火,以为这样的强刺激对孩子会起到较深刻的教育作用。殊不知,越过火孩子越反感,并不能取得应有的教育效果。所以批评更要慎重,更要讲究方法,应该做到既严肃又耐心,使孩子心服口服,要心服口服就必须公正、合理,批评要实事求是,是一就是一,是二就是二,不要以为说得越多越好。

"你算完了,我从没见过像你这么笨的孩子!"

"你算完蛋到家了,这一辈子全完了!"

"你真混蛋透顶,不可救药!"

这样的过火语言只能使孩子感到无所谓,反正我的错误没那么严重,爱说什么说什么吧,于是给你一个耳朵进、一个耳朵出,不往心里去。孩子认为你无非就是撒撒气而已,批评的效果无形中就降低了许多。当然批评、惩罚太轻也不行,太轻不足以引起孩子警惕。最好的办法就是调查清楚,合理、公正、适度地批评。所谓"度"就是质与量的界限,超过了"度"就会走向反面。家长的批评一定不要夸大其辞,要实事求是,恰如其分。

(7)要一分为二,不要全盘否定

家长批评孩子的时候爱犯的一个毛病就是全盘否定。因为孩子犯错误就把孩子说得一无是处,这对教育孩子也是无益的。孩子小,有缺点、犯错误是正常的,绝不要一见孩子犯错误就攻其一点,不及其余。其实孩

子不是从小到大都只做错事，必定还有许多可取之处。如果我们只针对眼前的错事指责他，而忽略了他的优点，就很容易让孩子觉得大人眼中只看到他不好的行为。我们对孩子应该有个全面的认识，孩子有缺点，也有优点，犯错误不等于一切全完了。有了错误的行为不等于动机全是坏的。有时孩子犯错误是好心办了坏事，有的是经验不足，有的是能力不够。我们在批评时一定要客观分析，一分为二地对待孩子，尤其不要把孩子看死了。要用发展眼光看孩子，相信孩子会有变化，这样才有利于孩子的进步。

3
管教孩子时也要掌握适当的时机

教育是一种手段,甚至是一门艺术。成功的父母在教育孩子的时候会把握住时机,用寥寥数语就教育了孩子,而失败的父母总是在不厌其烦的唠叨中对孩子进行灌输式教育,不仅遭到了孩子的厌恶,甚至还影响了亲子关系。因此,父母在教育孩子时,应该懂得教育的艺术,在恰当的时机中对孩子进行不同的教育。以下是几个教育孩子的绝佳时机。

(1)生日时

对孩子来说,生日是最难忘而又愉快的日子。父母为孩子准备生日礼物和美味饭菜的同时,不要忘了生日赠言。生日赠言,既可是书面的,也可是口头的。赠言应使孩子明白一些道理。

(2)就餐时

就餐时,就从小教育孩子珍惜粮食、菜肴,使他(她)明白饭菜来之不易的道理。让孩子在餐桌上学会礼貌和谦让。

(3)交际时

应利用家庭交际的机会,培养孩子文明、礼貌、热情、大方的交际素质。

(4)旅游时

给孩子讲解名胜古迹来历或故事的同时,有意识地教育孩子热爱祖

国的大好河山，不要攀折花枝、乱涂乱写、用食物或脏物投掷动物、乱丢瓜皮果壳等。

（5）家务劳动时

培养孩子爱劳动的良好习惯，可从孩子三四岁时教其从诸如洗手帕、铺床、叠被、扫地等入手，然后随年龄增长而"加码"。

（6）有成绩或过错时

孩子有了成绩，在鼓励的同时要让其看到不足，从而激励其更进一步；有过错，应帮其找出原因，分析危害，并"约法三章"，使孩子养成知错即改的好习惯。

（7）新学期开始或进入下一个新的学习环境时

此时，孩子会有一种新的学习意识或学习动力，家长若能注意因势利导，会旗开得胜，事半功倍。

（8）享受成功喜悦时

每当孩子取得成功时，家长在祝贺的基础上，对孩子进一步提出明确而具体的高要求，孩子会以此为目的，自觉地去努力，去奋斗。

（9）孩子对某一事情怀有浓厚的兴趣时

只要这种兴趣是正当的，家长都应尽自己的力量在物力、财力、时间等方面予以积极支持。一些发明家、科学家就是这样产生的。

（10）有较大的集体活动时

父母应积极支持孩子参加集体活动，以培养其遵守纪律，加强集体观念。

4
根据孩子不同的年龄采取
不同的教育方法

心理学家认为,父母对待孩子的态度、教育孩子的方法,对孩子的发展有着重要影响。因此,父母要多了解孩子的心理特点,根据孩子不同的年龄、不同的心理特点来掌握正确的方法对孩子进行教育。这些方法大致可分为以下几点。

(1)学龄前

千万不要忽略学龄前这个阶段,虽然这个时候孩子的年龄还比较小,但恰恰这个阶段是培养孩子养成各种良好习惯的最重要阶段。在这里我们可以通过一篇小故事让大家自己来发现其中的奥妙。

1978 年,75 位诺贝尔奖获得者在巴黎聚会。人们对于诺贝尔奖获得者非常崇敬,有个记者问其中一位:"在您的一生里,您认为最重要的东西是在哪所大学、哪所实验室里学到的呢?"

这位白发苍苍的诺贝尔奖获得者平静地回答:"是在幼儿园。"

记者感到非常惊奇,又问道:"为什么是在幼儿园呢? 您认为您在幼儿园里学到了什么呢?"

诺贝尔奖获得者微笑着回答:"在幼儿园里,我学会了很多很多。比

如，把自己的东西分一半给小伙伴们；不是自己的东西不要拿；东西要放整齐；饭前要洗手；午饭后要休息；做了错事要表示歉意；学习要多思考，要仔细观察大自然。我认为，我学到的全部东西就是这些。"

所有在场的人对这位诺贝尔奖获得者的回答报以热烈的掌声。事实上，大多数科学家认为，他们终生所学到的最主要的东西，就是幼儿园老师教给他们的良好习惯。

（2）小学阶段

孩子刚刚进入小学阶段之后，对学习是抱着很美好的一个想法的，作为家长应该也注意到了，学校所布置的作业，孩子总是不用家长提醒就自己按时完成，每天去上学的时候也总是很积极，因为学校在孩子的眼里还是很新奇的一个地方，但是随着年级的增长，孩子越来越不喜欢去了，是因为学校变了吗？不是，是因为家长的要求变了。

小学阶段本来是培养孩子想象力、创造力、思维能力的关键阶段，但是很多家长在孩子刚刚学习1、2、3的时候就开始想着给孩子报各种各样的课外辅导班。原因也是多种多样，有的是因为父母双方都上班，没有时间管孩子，给孩子报个班好有人看管着；但更多的则是坚信"不让孩子输在起跑线上"、"别的孩子有的，我的孩子也一定要都有"这样一些信条，父母的这种攀比心理，导致最后受苦的是自己的孩子。

实际上，适当地选择一些课外辅导课程，扩大孩子的知识面，的确是有好处的，但是一定要把握好一个度。凡事"过犹不及"，有没有想过，孩子面对着没完没了的课外辅导，心里是多么痛苦和无奈，长期这样下去，就会导致孩子厌学，丧失对学习的兴趣。因此，专家建议父母给小学阶段的孩子一定要报辅导班的话，还是应该以突出智力开发、能力训练为主，并且数量不要太多。要留给孩子一些玩耍的时间。

（3）初中阶段

初中阶段和高中阶段一般意义上讲都是属于中学阶段，但是初、高中的孩子在年龄上、心理上实际是有着很大差别的。初中阶段是孩子成长的关键时期，因为这个阶段不仅是他们长知识的黄金时期，同时也是长身

体的最佳年龄阶段。

从小学升入初中，很多学生都要有很长的一段适应期。因为小学的时候，知识的难度有限，学习的科目相对较少，老师对学生的管理更是无微不至，甚至生活起居都要顾及到；而且小学阶段，孩子所面对的学生范围比较小，所以，孩子们总是感觉到自己是很优秀的，这个时候的心理也是比较自信的，但是升入初中后情况则有了很大的变化。

①所学科目增多了，学习难度相应增大。在初中都会开设物理、化学、历史、政治等一系列课程，这对由小学升入初中的学生来说会有一些不适应，需要家长对孩子进行及时的心理调节。

②老师的授课方式有所改变。老师对学生的管理不再是小时候孩子所熟悉的那种"保姆"式的教育方法，而是逐渐开始锻炼孩子的自主性、独立性。这个时候，孩子因为刚从小学阶段过来，所以不适应，觉得老师好像不关心自己了。因此家长需要对孩子及时的进行关怀，以免孩子产生厌学情绪。

③准备功课的时间增多。小学的时候，老师留的作业都是具体的，比如说第一题、第二题等这样很明确的题目，但是中学则不然，老师经常会留一些"熟读这篇课文"、"预习下一课生字词"等这样软性的作业，这在一些学生眼里，就好像不是作业似的。

其实不然，这些软性的作业恰恰是课前的一个必须的准备阶段，如果准备比较充分，那么上课的时候就会感觉非常顺畅，如果准备不是很充分，则上课的时候就会留下一个一个的小绊脚石。久而久之，不懂的地方越来越多，就会导致以后越来越听不懂。这样恶性循环下去，成绩当然也就一落千丈了。因此，家长一定要多多督促孩子进行功课的复习和准备。

④学生自信心的变化。升入初中后，学生的学习程度有了差距，在小学阶段可能还没有表现出明显的差距来，但是到了中学阶段，因为种种原因，导致每个人对知识的认可、接受程度不一样，成绩自然也就分出了一个层次，再加上这个时候正好处于学生的青春期，还要面对中考的压力，所以孩子的自信心很容易受到打击。因此，父母一定要多安慰孩子，更加

好情商和性格成就孩子的一生

127

留心孩子的日常举动,及时和孩子沟通,对孩子进行关心和疏导教育。

（4）高中阶段

高中相比较初中而言,又是一个新的开始,同时也是一个延伸,不管是在学科数量上、难度上,还是在学习的要求上,都有了更高的要求,而且这个时候随着年龄的增长,学生所遇到的青春期问题也越来越多。但是这个阶段的学生明显地已经从心理上更加成熟,处事上也更加理智。

所以这个时候,作为家长绝对不能再发挥以前的"一言堂",而是应该放平姿态,与孩子平等交往,因为这个时候他们已经基本有了自立能力以及是非判断能力。也许这个时候的家长还有些不适应,觉得孩子还是不成熟,还是不肯放手,还是像小时候一样,吃喝拉撒都看顾着,殊不知这样只会让孩子丧失自己的自理能力并引起逆反心理。

高考对所有的高中生都是一个严峻的考验,一个有责任感的高中生在高考面前往往都会承担着过重的压力,所以家长能够做的应该是帮助孩子减轻负担而不是增加压力。但是,事实上很多家长做不到这一点,大都把自己的焦虑变成更大的压力转嫁给自己的孩子,好多孩子因为难以承受过重压力而影响到学习效率甚至出现心理问题。所以,对处于高中时期的孩子,父母要用最大的精力和耐心与孩子进行沟通,防止孩子在青春期时候产生过度的负面情绪,影响了亲子关系。

从以上我们可以看出,父母在面对孩子变化的同时,也应该从方法、态度、期望值等各方面及时调整自己,而且还要克制自己的攀比心理。

其实这一切都不及孩子能够健康的成长,尤其是心理上的健康更重要。一个成功的人首先是一个健康的人,一个健康的人首先是一个心理健康的人。

5
让孩子学会为自己犯下的
错误承担后果

有代价的教育是纠正孩子不良行为和错误的良方,比起一味的批评和指责,这种因果代价能够使孩子留下更深刻的印象。

一个类似的故事,更深入地说明了让孩子承担责任的意义。

在法国的一个城市,罗伯特的孩子小杰克在自家花园里玩足球,兴奋之下,把足球踢到邻居花园中,打烂了一盆玫瑰花。小杰克怯怯地告诉爸爸,叫爸爸去拾球,可罗伯特却要小杰克自己去,首先要道歉,还要拿上一盆同样的花作为赔偿。

小杰克不得已,捧着花不情愿地一步一步走向邻居家。邻居是一位70岁的老汉卢克,卢克看着杰克泪水盈盈的样子,非但没有责备孩子,也没有留下花,而且还从屋里拿了一包巧克力送给小杰克。

罗伯特见儿子回到家里,小脸蛋泪水未干,可掩饰不住喜悦,又见儿子手里多了巧克力,知悉内情的罗伯特径直去找老卢克,对他说:"卢克,我儿子犯了错,我想教育他,请你配合,犯错的孩子不应得到奖励。"然后他又要儿子拿着巧克力和鲜花送给卢克爷爷。一天之后,罗伯特才借着一次机会奖励巧克力给儿子。

罗伯特的做法似乎有点过火,但他是对的,对孩子明显的错误,明知故犯的错误,性质严重的错误,一定要严肃批评,并让其承担责任,直到他改正为止。

那如何让孩子学到行为和行为后果之间的关联呢?

在一次考试中,一个男生的语文得了 59 分。他找到老师说:"老师,您就再给我的作文加 1 分吧,就 1 分,求您了!"老师说:"作文绝对不给加分,但是,我可以给你把总分改成 60 分,我借给你 1 分。不过你可要想好啊,这 1 分不能白借,要还利息的,借 1 还 10,下次考试我要扣掉你 10 分,怎么样?要是觉得不划算就不要借了。"

学生咬了咬牙说:"我借。"结果,在后一次考试中,他语文得了 91 分,扣掉 10 分,净剩 81 分。试问,世上有哪一个高利贷者敢与这个老师比收益?

是否有责任心,是衡量一个人品德是否高尚的重要标准。因此,从小培养孩子的责任心,是培养孩子健康人格的基本内容之一,其中,特别要注意对孩子过失的处理。

孩子由于年幼缺乏知识和经验,经常会造成一些过失,这毫不奇怪。譬如,不小心打碎了物品、一时冲动伤害了别人、粗心大意造成了麻烦等。发生这类过失的时候,许多父母都会责怪孩子,比如这样说:"你怎么搞的?能这么做吗?讨厌!快走吧,回家写作业去。"于是,孩子没事了,什么责任也不必负,回去该学习就学习,该玩就玩。父母则留下来承担责任,又是道歉,又是赔偿。如此这般,孩子怎么可能有责任心呢?细想一下,不正是父母剥夺了孩子履行责任的机会吗?

因此,有必要让孩子得到自作自受的教训:孩子不温习功课,导致测验不及格;将心爱的毛衣放在了学校,因而遗失;为了要缴图书馆的罚款,所以没有零用钱花了。心理学教授查尔斯·谢裴尔认为,此类经历可培养责任感。

3 岁的孩子已能了解简明的因果关系。所以,此时父母可用冷静的口吻对其讲述某种行为可能导致的后果,譬如:"玩具搁在车道上可

能会被压坏。"然后静观其效。玩具损坏了不可能立刻再买新的,以免破坏了教训之功效。如果老是生怕孩子跌倒,他永远也不会自己爬起来。

家长管教孩子中常见的错误和处分往往与孩子所犯错误的性质无关。有些家长竭力使孩子为所犯的错误而"体验痛苦",却不去解决孩子的行为产生的问题。一个孩子考试不及格,爸爸就没收他的滑冰鞋以示惩罚。另一个孩子没有收好玩具,第二天就发现,妈妈为了教训她,已经把玩具送给了当地的慈善机构。一个 11 岁的孩子晚饭迟到了,就因此被告之回自己屋里去,不到第二天早饭不准吃任何东西。两个孩子打架,父母让他们在地上睡了一个月。这些惩罚对孩子(甚至对能思考的大人)没有任何意义。因孩子看电视的时候在沙发上蹦跳,便取消原定的游戏项目,也是没有意义的。

谢裴尔说:"必须让孩子明了他所受处分是因他的行为所致。"

我们作为家长的目标就是让我们的孩子在生活中学会做人——引导、教育、帮助他们形成自我约束感。一种发自内心的对自我的制约,而不是来自外界的强制。任何不能使得孩子在生活中学习做人,不能维护孩子尊严的技巧都不能被称为约束,仅仅称得上是惩罚,不管它被包装得多好。

约瑟夫上三年级时随全班进行实地见习,在自然历史博物馆里,他碰破了一个海狸瓮。如果那是一只无法替代的恐龙腿,情况可能就更糟糕了。然而他非常幸运,那是一只很容易找到替代品的海狸瓮。

孩子并没有因此而受到惩罚:没有谁打他一巴掌;也没有谁把他带到校长办公室;老师也没有让他写 500 遍"我不再碰坏海狸瓮了";也没人禁止他参加下次的实地见习。相反,他的老师很明智地对他说:"约瑟夫,你惹了个不小的麻烦,不过我知道你能处理好。"约瑟夫给博物馆的全体人员写了一封道歉信;他赔了一个海狸瓮(这是解决问题的根本方式);他又写了在下次实地见习中要如何有创造性、建设性地调整好自己的举止言行。

约瑟夫没有受到惩罚，但受到了约束，他被指明了自己的过失，被赋予自己掌握问题、解决问题的权力，并得以保全了尊严。

当然，让孩子为错误承担责任，有时候会显得太极端，对一个未成熟的小孩而言，可能会太残酷和不通情理。因此，最好的方法是配合小孩子的年龄和智力，来拟定合宜的责任范围，由他体验不负责的后果。

6
教育孩子时别踏足这些"雷区"

父母是孩子的第一任老师,孩子性格的培养和今后的发展主要是由父母来塑造的。聪明的父母在培养出成功的孩子时,总有属于自己的一套教子方案,他们知道在教育孩子的时候,应该做什么和不做什么,以此来避免踏入教育孩子的"雷区"。

(1)雷区一:过度保护

有时候,父母由于太注重表面的安全,而忽略了看不见的心理需求,纵使孩子具有优秀的先天条件,却得不到应有的发展,当孩子想跑、想玩时,大人会害怕孩子受伤而禁止他。如此的话,孩子便会养成不好动的习惯,身体变得迟熟、孱弱多病,心智的发展也必然受到阻碍,性格也会变得退缩胆小、缺乏自信、无法面对困难。聪明的父母始终明白,关怀是与孩子心灵上的沟通,而并不是行为上的干预。过分的干预会令孩子反感,也妨碍他发展潜能。

(2)雷区二:过分宠爱

聪明的父母知道对孩子有节制地爱,因为家长如果事事顺从孩子的要求,替他完成所有事情,孩子什么事情都不必动手,会使孩子容易变得以自我为中心、任性、依赖、迟熟、不能忍让、也不懂自己照顾自己,即使表面看来柔顺温和,但当孩子长大,需要面对难题时,就可能出现性

格突变。

家长的包办代替是孩子形成性格软弱的重要原因之一。一些家长对孩子百依百顺,不让孩子做任何事情。这等于剥夺了孩子自我表现的机会,导致了孩子独立生活能力的萎缩。聪明的父母会让孩子自己动手做事,养成孩子独立自主的生活习惯。

(3)雷区三:揠苗助长

聪明的父母不会对孩子的成功急于求成,而是慢慢培养。因为他们知道孩子年纪愈小,基本动作愈少则受学习或训练影响越大。如果父母不顾孩子的发育情况,强迫他提早学站、学走路、学写字……会造成孩子身心严重失衡,导致产生脾气暴躁、焦虑、冷淡、退缩等问题,并且会拒绝学习,也不懂得与人和谐相处。

(4)雷区四:过分限制

聪明的父母不会经常以权威口吻规范孩子的举动、限制他的自由、否定他的想法。因为那样做会使孩子长期处于恐慌之中,无法表达自己,只懂唯唯诺诺,不懂快乐,并使他失去自信,变得紧张、没有安全感,面对事情不知所措,失去尝试新事物的勇气等。

另外,为了发泄不满,孩子会欺负比他小的孩子,当孩子长大,他更可能会对父母存有怀恨的心理,把以往积压的不满,发泄回父母的身上。

(5)雷区五:脸孔严厉

许多父母对孩子期望很高,却又很吝啬赞美自己的孩子。他们常常摆出一副长者的面孔责备孩子,以为这样才是教育,却使孩子无法在严肃当中感受到父母的爱。父母摆出严厉的脸孔,只会令孩子却步。

聪明的父母会避免用苛刻字眼责备孩子,即使孩子做得不够好,也会温和地给孩子意见,或是赞美孩子,让孩子的心理得到小小的满足,这也让孩子更容易接受父母的意见。

(6)雷区六:忽略孩子优点

中国人比较谦逊,不在人前称赞孩子,有时还会不经意地批评孩子。聪明的父母总是能发现孩子的优点,并由衷地欣赏孩子的优点。因为聪

明的父母知道,父母对孩子的评价是孩子建立自我形象的依据,如果经常提及孩子的缺点,孩子只会怀疑自己的能力,不仅影响其自信心,甚至会忽略了自身的优点而认定自己一无是处,更不思进取。

(7)雷区七:忽略孩子说话

孩子喜欢问问题,有时候父母会觉得很烦,而打断孩子的话,或要他收口;人家问孩子问题,父母却经常替孩子回答。

聪明的父母却从来不会这样做。因为,这样会剥夺孩子练习说话的机会,导致自我表达能力差,并且孩子会渐渐不再跟父母说话,而严重影响亲子间的沟通。

(8)雷区八:经常对孩子唠叨

多数的父母总是误以为多对孩子说几次,他就应该懂得如何做,即使在安慰孩子时,也是喋喋不休地指出他的过失,叮咛告诫他应该如何做,而忽略孩子的难处。孩子难免会感到麻木,变得了无生气,没有自信。

聪明的父母总是对孩子的教育适可而止,在不同的时机下对孩子进行有效的教育。

(9)雷区九:嘲笑挑剔

有的父母会挑剔孩子的过失,经常把其缺点挂在嘴边,说话刻薄,用骂人的字眼嘲笑他"笨手笨脚"、"无用"等,甚至在别人面前斥责数落孩子。这些做法均会使他感到丢脸,严重损害其自尊,使其变得自卑懦弱,认为自己真的没有能力做好事情,不敢发展潜能,记忆力和创造力也因而大减,变得退缩、胆小、缺乏自信。

须知,孩子的自尊心一旦受到伤害,需要很长一段时间来重新建立,有的甚至永远无法重新建立起来。另一可能是,孩子会对父母产生怨恨,不但不会尊重父母,长大后还会找机会报复。

(10)雷区十:低估孩子能力

有的父母总是质疑孩子的潜能,处处要求他跟随自己意愿行事。孩子不能从失败中学习,变得依赖心重、惯于被命令、缺乏思考力。

有的人智力过人，但意志薄弱，志趣低下；有的人智力平平，但意志顽强，目标远大，百折不挠。任何一个正常的孩子，总有这样那样的优势或潜在的优势。

因此，作为父母，应客观而清醒的分析自己孩子的特点，善于发现自己孩子的优点，让自己的孩子感受到成功的喜悦。

第七章

允许孩子释放委屈的情绪

1
千万不要压制孩子的委屈

　　不良的情绪往往对心理健康会造成很大的危害。所以,当年幼的孩子一出现不良的情绪,就应该鼓励他们通过一些途径宣泄出来。但是在日常生活中常会出现这样一种现象,就是当孩子身不由己地宣泄自己委屈的情绪时,会遭到大人的"堵截"。大人往往会通过训斥、羞辱甚至是体罚的手段强行制止孩子情绪的发泄。毫无疑问,这样的方式只会对孩子的心理造成伤害。这样的"堵截"虽然好像暂时控制了孩子的情绪,但长此以往,孩子幼小的心灵将会不堪重负,最终导致心理失衡,同时也易造成人格方面的畸形发展。因此,为了能使孩子保持一种健康的心态长大,作为父母应当为孩子心理活动的发展提供一些自由的空间,并且帮助孩子为自己的情绪寻找出路。最重要的是,千万不要压制孩子的委屈。

　　在我们的身边,往往有不少孩子,在遇到不顺心的事情时、在经受一点点挫折时,常常大发脾气或是满脸委屈,两眼泪汪汪的。孩子的世界往往是敏感脆弱的,很多时候,他们在对待事情时总显得比成人要较真,他们更在乎父母、老师、伙伴对他们的评价。很多时候,一件不起眼的小事,一句无足轻重的话语,可能就会使得孩子感到莫大的委屈,伤心不已。

　　受着很多人的宠爱,爸妈的溺爱,老师的疼爱,在这样备受关注的同时,孩子的自我优越感和自尊心也越来越强,更不容许他人打破他们的这

种优越感,因此,当给予他们的关注稍微欠缺一点时,他们往往不能正确地理解和接受,常常会觉得自己受了委屈,从而采取自我防卫机制加以抵制和抗议。

这种性格对孩子将来的发展极为不利,而要改变这种状况,就需要父母及时了解他们委屈的原因,正确引导他们释放情绪。

(1)释放孩子的委屈情绪

当孩子觉得委屈的时候,父母要及时了解他们委屈的原因,让他们的情绪得到释放,这样才能让他们形成健康、乐观的人格。

(2)接纳孩子的情绪

当孩子受委屈时,能够将不快宣泄出来,是件好事。此时,只要孩子的言行不是太过分,家长、老师应该接受、允许孩子适度的哭闹。

之后,自然应该好好地去安慰孩子,设法使孩子的情绪在爆发后能够渐渐平复下来。但是,安抚孩子不应该是无条件地顺从孩子。如果毫无原则地一味迁就孩子,不能真正解决孩子的问题。

(3)让孩子诉说

当孩子的情绪平静下来以后,家长、老师可以让孩子把事情的来龙去脉说一遍。一定要让孩子主动述说,当孩子提及自己的感受时,鼓励其说出为什么会有这样的感受。家长、老师在仔细聆听后,可以心平气和地从其他人的角度设几个问题问孩子,引导孩子从他人的角度看问题。

(4)提高孩子的心理成熟度

孩子在成长过程中难免会遇到这样那样的小挫折,父母要提高自己孩子的心理成熟度,而不是一味觉得委屈,要让孩子学会合理调节自己的情绪。心理成熟度高的孩子,面对社会和环境的变化较易适应,他们的自控能力、承受能力都比较好,比较"老练"。心理成熟度差的孩子,不太容易适应不断变化的环境,也不太容易形成良好的自我控制,这样,在人际关系和心理健康中更容易出现问题。

2
男子汉也可以哭

    嘉嘉很好强,什么事都不愿意输给别人。他常常跟身边的小朋友比赛,骑单车啦、跳绳啦、背古诗啦,很多事情他都愿意和别人比。他的爸爸妈妈的性格也都很好强,因此嘉嘉受他们的影响很大。嘉嘉的爸爸妈妈常常给嘉嘉说:"做什么事呀都应该跟身边的人比一比,要比别人做得好才行。不过我们可告诉你啊,你和别人比没关系,但是你可是个男子汉,要是输了,你可别回家来哭鼻子。"

    嘉嘉一直把爸爸妈妈的这些话记在心里,对自己说,不能输,输了也不能哭。有一天上体育课,老师提议大家来个接力赛跑,同学们都踊跃响应。嘉嘉是班上跑的最快的孩子,所以孩子们都愿意跟他一组。这时班上有个叫强强的孩子就不服气了,因为他心里很嫉妒嘉嘉什么事情都比别人做得好。当比赛开始的时候,分成了四个小组,除了另外两个小组以外,一组嘉嘉跑最后一棒,还有一组就是这个强强跑最后一棒。嘉嘉当然对自己充满了信心,强强却在想无论如何也不能让嘉嘉赢。

    发令枪响了。同学们都跑了出去,嘉嘉这一组的同学稍稍有些落后,但是嘉嘉觉得自己一定可以追上去。所以当嘉嘉拿到最后一棒的时候,他全力地往前跑,根本没有注意强强对自己愤愤的目光。然而就在嘉嘉起跑后不久,尚未被他拉开距离的强强忽然用力推了嘉嘉一下,嘉嘉猛地

摔倒了,强强那一组赢了比赛。

嘉嘉爬起来,忍住疼,对老师说:"老师,强强推我。"

老师和别的同学正好都么没有看到这一幕,老师就开玩笑对嘉嘉说:"好了,嘉嘉,平时都是你跑得最快,不至于这么输不起吧。"

嘉嘉委屈极了,但是还是拼命忍住了自己的眼泪。然而孩子终究还是个孩子,一回到家,眼泪就忍不住了,哗哗地流下来。爸爸看见了,不耐烦地问:"出什么事了呀?一回来就哭什么啊。"

嘉嘉跟爸爸说了事情的经过,爸爸说:"行了行了,这么点小事就哭鼻子。我和妈妈不是都告诉过你,男子汉不可以哭鼻子的,你羞不羞啊。"

嘉嘉听了爸爸的话,把眼泪和委屈都咽了下去,从那以后,他再也不和爸爸妈妈说自己的心事了。

案例分析:

经常会有这样的父母,因为不了解压抑情绪对孩子心理健康的影响而做出错误的行为。对于孩子受到委屈需要发泄的时候,他们常常表现出不耐烦、讥笑、强制孩子压抑等各种不正确的态度。如果长期处于这样的管教方式下,孩子很容易造成人格方面的病态发展。孩子的很多不良行为往往都是因为过度压抑情绪而酿造出的恶果。

3

听听孩子的解释和倾诉

贝贝的妈妈给她买了一个很可爱的小绒熊。贝贝非常喜欢这个小熊,常常像妈妈照顾自己一样照顾它,喂它吃饭,给它穿衣服。她无论走到哪里都要带着它,就连洗澡的时候也要把小熊摆在一边看着它。总之,这个小熊已经成了贝贝形影不离的好伙伴。

一天,贝贝说想到小区的花园里去玩,妈妈当时很忙,就让贝贝自己下去玩一会儿。贝贝当然不会忘记她的好朋友了,她一边抱着小熊走出门一边对妈妈说:"妈妈,我带小熊晒太阳去啦。"

然而,没过多久,贝贝满脸委屈地回来了,妈妈一看贝贝手里的小熊一只胳膊都快要被扯掉了,里面填塞的棉花都露了出来。妈妈本来就忙得晕头转向,再看到这样的情况,一时就有些心烦,对贝贝说:"你看看你,妈妈给你买的小熊你不是很喜欢吗?怎么这么不爱惜,妈妈下次不给你买玩具了。"

贝贝本来正要跟妈妈说些什么,但是听了妈妈的话,贝贝更委屈了,她伤心地哭了。妈妈看到女儿受伤的样子,一下子后悔了自己草率下的定论,一定是让女儿受委屈了。

妈妈放下手里的活,走到贝贝身边坐下来,轻轻拍打着她的肩膀,没说话。

贝贝哭了一会儿,有点累了,就慢慢停了下来。

这时妈妈说:"对不起,贝贝!妈妈刚才不应该没有问清楚情况就说你。你现在愿意告诉妈妈发生了什么事吗?"

贝贝说:"我刚才在楼下遇到丫丫,她也喜欢我的小熊,动手和我抢,结果把小熊弄伤了。"

妈妈温柔地说:"没关系哦,妈妈会给小熊缝针的,它很快就会好起来了。"

贝贝高兴了,亲亲妈妈的脸说:"妈妈,我替小熊谢谢你。"

案例分析:

妈妈的处理方法很好,虽然开始有一点点瑕疵,不过最终是一个完满的结果。在现代社会的生活里,父母因为要疲于应付各种事件和突发状况,常常会因为一时的情绪而对孩子失去了耐心。但是孩子的委屈不是一件小事情,所以无论父母们怎样繁忙焦躁,都请抽出一点时间让孩子发泄一下委屈的情绪。当他们以一种健康的心态长大的时候,父母们一定会觉得当时抽出的那一点时间真的很值得。

灵灵和一个朋友因为误会发生了一点小小的摩擦,这个朋友就发动其他的朋友全部不理她。灵灵真是又生气又委屈。

妈妈看出了最近女儿的情绪不佳,就想关心一下,于是问灵灵发生了什么事。灵灵感觉到了妈妈的关心,而且自己的委屈一直憋在心里挺难受的,就想好好地跟妈妈倾诉一下。

灵灵说:"我最近和小迪吵架了……"

妈妈立刻打断灵灵说:"原来是为这事,女儿,人生总免不了要和别人发生摩擦的。你应该和小迪好好谈谈。"

灵灵说:"我还没说完呢,我们是为了一点小误会,她就叫大家都别理我……"

妈妈又打断灵灵说:"既然是为了误会,你就应该好好跟她解释清楚呀。"

灵灵说:"你怎么知道我没跟她解释呀?这件误会是这样的……"

妈妈说:"不管是什么误会都是一样的,你先跟她解释,然后你应该自我检讨一下,看看到底是不是你的错。如果是你的错,你就应该跟你的好朋友道歉,请求她的谅解;如果不是你的错,你就更应该好好想想,如果为了这点小事就发动所有的人不理你,这样的人你还应该不应该继续和她做朋友。"

灵灵忽然发了脾气:"够了够了。应该应该,妈妈,我不需要知道应该怎么做,我只是想跟你倾诉一下我的委屈,我的心里话!"

妈妈看着突然生气的女儿,还不知道自己到底哪里做错了。

案例分析:

相信没有一个人在被打断了这么多次以后还有继续说下去的兴趣。妈妈的这种谈话方式是在为女儿舒解心里的压抑吗?事实上,妈妈是在用自己的"道理"来压抑女儿的委屈。很多父母在和孩子沟通的过程中都容易犯这样的毛病,自认为自己的说教能对孩子起到引导和指明方向的作用,殊不知很多时候孩子只是希望有一个人能听听他的倾诉,在倾诉的过程中,孩子就已经可以调整自己的情绪了,父母的一再打断和长篇大论的"人生道理",只会堵住父母与孩子之间交流的通道。

4
给孩子一些发泄的时间

一段时间以来,刚刚学校门口常有外校年纪比较大的学生来欺负他们的暴力事件发生。刚刚挺倒霉,这天放学的时候就被他给遇上了。一个看起来高高大大的男孩子逼着刚刚把身上的零花钱拿出来,刚刚说没有,立刻就被他打了一耳光。

刚刚捂着脸着跑回家,一头扑到沙发上痛哭起来。爸爸妈妈正好都在家,听到孩子哭的声音就赶到客厅里,问:"怎么了,谁欺负你了?"

刚刚并不回答他们,他现在什么也不想说,只想好好地大哭一场。爸爸妈妈看孩子不讲话着急起来,你一言我一语地追问不舍。

爸爸说:"你说呀,到底是怎么了呀?是不是被老师骂了啊?"

看刚刚没反应,妈妈又来了:"讲话啊,怎么了?同学欺负你了?"

爸爸看到了刚刚脸上的红印,大怒:"是哪个混蛋欺负我儿子了?儿子,告诉爸爸,别怕,说说是谁打了你,让爸爸去教训他。"

妈妈一听自己的宝贝儿子挨了打,那还得了,立刻也怒道:"对,儿子别怕,有爸爸妈妈给你撑腰呢。哎呀你别光是哭啊,你说话呀,真是急死人了。"

就在爸爸妈妈吵闹不休的时候,刚刚忽然从沙发上抬起头,带着哭腔大喊道:"你们别吵了!能不能让我安静一下呀!"

爸爸妈妈都愣了。

案例分析：

孩子在外面受了委屈，父母千万不要这样机关枪似的发问，对孩子逼问不休。面对这样的追问，孩子原本就不好的心情只会变得更加烦躁。他从父母这里得不到任何安慰的力量，而是给他满腔的委屈和不满火上浇油。最后的结果只能是促使孩子的负面情绪成倍地增长，父母不但灭不了"火"，反而让"火"越烧越旺。

5
反射情感，安抚受委屈的孩子

舒舒上幼儿园小班了，在上课的过程中常会遇到老师提问的情况。因为爸爸妈妈对舒舒说过，要当一个勇于回答老师提出的问题的孩子，这样才能有比较大的进步。

一天妈妈去幼儿园接舒舒，却看见舒舒一脸不高兴地走过来了。

妈妈笑着牵住舒舒的手："怎么了？我的儿子为什么不高兴呀？"

舒舒撅着嘴说："今天老师没有叫我回答问题。"

妈妈说："是吗？不过老师是不是也想给别的小朋友一个回答问题的机会所以才没有叫你呢？"

舒舒说："才不是呢，那个问题班里的小朋友都回答错了，我知道问题的答案，可我一直举着手老师都不叫我。"

妈妈想了想说："哎呀，一直举着手呀。"

舒舒说："就是呀，一直举着的呢。"

妈妈说："哦，那一直举着手老师都不叫你呀？"

舒舒说："就是嘛。"

妈妈接着说："那一直举得手老师都不叫，滋味儿确实挺不好受的。"

舒舒这下不停地点头，就像找到了知音一样，不过从他脸上的表情看起来，他已经没有刚才那么不高兴了。

妈妈拉着舒舒的胳膊说:"一直举着的手累啦,揉揉,揉揉。"

舒舒咯咯笑着,好像已经完全忘记了曾经发生过的不愉快。

案例分析:

妈妈做了什么这么有效地安抚了孩子受了委屈的心?妈妈其实什么也没做,只是重复了孩子说过的话而已,这就是反射情感的方法。妈妈将自己放在孩子的角度,设身处地地理解了孩子的感受,并且通过自己的嘴说出了孩子心里潜在的话,从而让孩子的委屈情绪得到一定程度的宣泄,孩子的情绪很容易就恢复了平静。

云云是个善良正直的女孩子,因此她常常对一些不公平的现象勇敢地说出自己的想法。一次,班上一个男孩子欺负另一个女孩子,云云就勇敢地站出来阻止那个男孩子的行为,并且把这件事情向老师作了汇报。这个男孩子被老师严厉地批评了一顿,心里很恨云云。

一次课间的时候,这个男孩子忽然从教室外跑进来,跟云云说班主任找她。云云当然就赶快去老师办公室了。不过在老师办公室得到的答复是班主任今天根本就没有来上班。云云觉得挺奇怪,就回教室去了。谁知道一回到教室,就看到妈妈才给她买的新书包被丢在了讲台上,上面还有一块大大的墨水渍,而那个男孩子正怪声怪调地在唱:"活该,活该。"

云云摸着新书包,委屈地哭了。

回家云云向爸爸哭诉了这件事。爸爸对云云说:"这样好了,咱们明天也给他准备一瓶墨水,不但泼他的书包,还泼他的衣服,你觉得怎么样?"

云云恨恨地说:"好,看他还敢不敢欺负我。"说完好像平静了许多,做作业去了。

到了晚上,云云该睡觉了,爸爸故意问她说:"女儿,爸爸给你把墨水准备好了,你装到书包里吧。"

云云犹豫了:"这……真的要吗?好像不太好吧。"

爸爸笑了:"我就知道我的女儿是个善良的孩子。你说得不错,如果明天你泼了他墨水,后天他又撕了你的书,这样下去就没完没了了。咱们

中国有一句古话'冤冤相报何时了'，你懂得这样想，爸爸很欣慰。爸爸觉得你和他好好谈谈，我想，他不会是个蛮不讲理的孩子。"

云云点点头，如释重负地笑了。

案例分析：

爸爸也用了反射情感的方法。他先是站在女儿一边，让女儿尽量发泄心里的愤懑和委屈，然后故意用言语满足了女儿被欺负以后的报复心理。人在气头上的时候，别人说什么都是没有用的，当情绪平复下来以后，再跟孩子说什么应该做、什么不应该做、怎样做比较好这些道理就很容易了。

第八章

信任是孩子成功的助推器

1
孩子渴望父母对自己信任

"不要骗我了,我知道你偷吃了糖果!"

"你总是说要努力学习,但是结果总是让人失望,我还能相信你吗?"

这种极其"不信任"孩子的语言随处可见。基本上每一位父母都可能说出表示"不信任"孩子的话来。父母们可能不知道,当你说出这种话时,孩子的心正在滴血,他随着你的不信任而对自己失去了信心;同时,他也非常怨恨父母,因为在父母眼里,他是一个非常无能的人。

一般来说,父母对孩子的不信任主要表现在几个方面。

①嘲讽孩子的幼稚。经常对孩子说:"小孩子不懂事,瞎掺和什么?""你知道什么呀?"

②嘲笑孩子相貌、能力等缺点。如对孩子说:"你个子小,就别做篮球明星的梦了。"美国成功学家戴尔·卡耐基说过:"千万不要取笑孩子的野心,对孩子来说,这种开玩笑就是嘲讽,而嘲讽是极具刺伤力的。如果父母发现子女的愿望太过不切实际,不妨从各种不同的角度不断与他们讨论,可能的话,找一机会谈谈最有前途的工作,再尽可能鼓励他勇往直前。"

③打击孩子对未来所萌生的希望。如经常说:"你五门课有三门成绩不及格还想当校长?"

实际上，每一个孩子都需要父母的信任。父母的信任是对孩子的肯定和激励，能够让孩子更加自信，并更愿意与父母沟通。因此，父母们应该多给孩子一些信任。

（1）信任你的孩子

很多孩子和大人都看过一部叫做《龙猫》的卡通片，片中主角之一的小妹妹小梅无意中遇见了大龙猫，并且还趴在大龙猫的身上睡着了，而当她被姐姐叫醒后，却发现大龙猫不见了。

她告诉姐姐和爸爸说她今天遇见大龙猫了，但是当她带他们去找大龙猫时，却怎么也没有找到。姐姐不相信小梅，还嘲笑小梅，小梅一再强调："我没有骗你们。"

这时候，爸爸对她说："我相信小梅今天一定是遇见了这森林的主人了。"

这时，小梅因为得到爸爸的信任马上笑逐颜开！

在养育孩子的时候，给予孩子信任感是非常重要的。在孩子的成长过程中，他总是渴望得到成人的赏识、赞赏、尊重、信任来肯定自我，发展自我。如果父母处处不信任孩子，总是说："你在搞什么鬼，是不是想糊弄我？""别骗我了，你以为我不知道你脑袋里想些什么吗？"这样，孩子往往会感到沮丧，从而产生消极的心理。

如果父母总是对孩子说："去做吧，我相信你能行！""相信你能够安排好时间！""我相信你会把自己的房间收拾整洁的。"这种信任使孩子的内心感到非常愉悦，他的能力得到了父母的肯定，他的自信就会树立起来，他与父母的关系就会更加融洽。

（2）相信自己的孩子最好

许多父母总是喜欢拿自己孩子的缺点与其他孩子的优点来比较，似乎自己的孩子总是不如其他孩子好。殊不知，父母的这种做法给孩子的感觉就是"父母是不信任我的！""我在父母眼里是没用的家伙！"这种消极的想法也让孩子产生了不信任父母的情绪，从而造成亲子沟通的困难。

孩子的成功与否应该根据孩子本身的成长来衡量，而不要根据其他

人的情况来衡量。

通用集团前首席执行官杰克·韦尔奇被誉为"全球第一 CEO"。母亲在韦尔奇的成长过程中起了很大的作用，她从来不把韦尔奇与其他的孩子相比，相反，她会把韦尔奇的优点与其他孩子相比，从而让韦尔奇产生巨大的成就感。

小时候的韦尔奇有很严重的口吃，韦尔奇曾经自卑过，但是，母亲却对韦尔奇说："这是因为你太聪明了。没有任何一个人的舌头可以跟得上你这样聪明的脑袋瓜。"

从此，韦尔奇就自信自己的确是一个聪明的人，并努力训练语言能力，不仅纠正了口吃，而且拥有强大的自信心。韦尔奇的母亲是伟大的，因为她的伟大，最终造就了一个伟大的儿子。

许多父母认为，拿孩子与他人比较是希望孩子上进。实际上，每个孩子都有自己的个性特点，父母一味地拿优秀的人与孩子相比，会使孩子产生比不上他人的感觉，从而忽视自己的优势，产生沮丧、颓废的心理。这种消极心理一产生，就不可能与父母保持良好的关系。

（3）信任孩子的决定

许多父母总是怕孩子选择不好，总是不相信孩子的决定，希望插手孩子的决定。实际上，每个孩子都有自己的理想，有自己的决定，他们对于自己的决定，总是能够全力以赴。

1996 年，美国有一位身无分文的青年，他虽然没有什么成就，但是他看好了一份事业——电子商务，他相信这份事业非常有前途，一定能取得巨大的成功，于是他下定决心要在这个领域发展。但是他遇到一个非常大的难题，那就是资金问题，他还没开始自己的事业，几乎没有任何积蓄。

他首先想到了父母，当时他父母有 30 万美元的养老金。

当他向父母说明了他的用意后，他的父母只商量了一会儿，就非常痛快地把钱交给了儿子，并对他说："虽然我们对互联网并不了解，更不知道到底什么是电子商务，但我们了解并且相信你——我们的儿子！"

后来，这位青年凭借着这笔钱，开始并逐渐做大了自己的事业。

他就是当今个人财富达 105 亿美元、大名鼎鼎的亚马逊书店的首席执行官——贝索斯。

在这个案例中,我们不能说贝索斯的成功完全归功于他的父母,但是他父母所起到的作用确实非常重要。父母的信任给贝索斯带来了无穷的精神力量。

事实上,如果父母选择信任孩子的决定,孩子就会对父母的信任表示感激,并全力以赴为自己的决定而努力。

2
信任孩子,做孩子的好朋友

有人说,信任是人与人之间的一种亲密关系。朋友之间、同事之间贵在信任。在家庭里,父母与子女之间,也同样需要信任。

心理学家认为:追求他人的信任是一种积极的心态,是每个正常人的普遍心理,也是一个人奋发进取、积极向上、实现自我价值的内驱力。信任的心理机制对孩子良好心理品质的形成具有积极的鼓励作用。

家庭教育是在父母和子女的共同生活中,通过双方的语言交流和情感交流来进行的。父母与子女的相互信任是成功家教的重要因素。一些教育专家在家庭调查中发现,子女对父母有特殊的信任,他们往往把父母看成是自己学习上的启蒙老师、德行上的榜样、生活上的参谋、感情上的挚友。他们也特别希望能得到父母的信任,像朋友一样和父母平等的交流。

他们认为,只有父母的信任,才是真实、可靠的。父母的信任意味着关爱、重视和鼓励,这是真正触动他们心灵的动力。从教育效果看。信任是一种富有鼓舞作用的教育方式。

在家庭教育中,父母的信任可使子女感到他们与父母处于平等的地位,从而对父母更加尊重、敬爱,更加亲近、服从,心里话乐于向父母倾吐。这既增进了父母对子女内心世界的了解,又使父母教育子女更能有的放

矢,获得更好的效果。

反之,若父母对孩子持不信任或不够信任的态度,就无法了解孩子的愿望和要求,孩子的自尊心和自信心必然会因此而受到伤害,他们对父母的信赖也势必减弱。这样,家庭教育的效果也会相应减弱。

所以,父母应该信任孩子,做他们的朋友,从而更有效地帮助孩子健康成长。

陈玉的儿子,被她视为掌上明珠。都10岁了,陈玉从来不肯撒手让其独行,甚至离家几步之遥的地方都不让他独去。陈玉想法较多:怕孩子过马路被车碰着、遇到突发事件不会处理等。孩子曾经多次挣脱陈玉的手,想自己去干一些事,都被她硬给拽回来了。之所以这样,是陈玉对孩子处理这些事情的能力缺少信任,确切地说,是对孩子本身缺少一种信任。

有一次,孩子想自己上书店看书,陈玉没有答应。孩子严肃地跟她说,"妈妈给我一次机会,信任我吧,我肯定没有问题。"面对孩子祈求的语气,陈玉决定给孩子以信任。两个小时后,孩子高高兴兴地从书店出来了,一种自豪的表情挂在脸上。

从这以后,孩子能自己处理的问题,陈玉都开始放手让他尝试着去做,有时还把一些重要的事情交给孩子办,孩子完成得都还不错。孩子也感觉到了陈玉对他的信任,变得懂事多了,还告诉她很多知心话,把她当成自己的一个好朋友。

这个案例告诉我们,其实,孩子从懂事开始,便有了自己的思想,就跟成人一样,渴望被理解、被尊重以及被信任。可是,很多父母往往忽略了这一点。

一位家庭教育专家曾指出,教育的奥秘在于坚信孩子"行"。每个孩子心灵深处最强烈的需求和成人一样,就是渴望受到赏识和肯定。父母要自始至终给孩子前进的信心和力量,哪怕是一次不经意的表扬、一个小小的鼓励,都会让孩子激动好长时间,甚至会改变整个面貌。

在教育史上,有一个著名的"暗含期待效应"实验,其原理就是信任。

这种效应被广泛运用于现代家庭教育中，要求父母要从对孩子的信任出发，培养孩子们的积极性，让孩子在别人的鼓励和信任中不断地进步。

对孩子的信任，做孩子的朋友，能够激发孩子内心的动力，让孩子体会到被尊重和认可的快乐。他们会在父母充满信任和友好的目光与言语中，一步一个脚印地走向成功，实现他心中的理想。

那么，怎样才能做到信任孩子、做孩子的好朋友呢？

（1）培养孩子的自信心

有位哲人说："自信心是每个人事业成功的支点，一个人若没有自信心，就不可能有所作为。有了自信心，就能把阻力化为动力，战胜各种困难，敢于夺取胜利。"因此，父母要注重培养孩子的自信心，要引导孩子尊重别人但不迷信别人，要用科学的态度对待别人的成功与失败；正确看待自己的进步，要有成功的自信心。而一个能够信任他人的人，也需要以自己的自信为基础。

（2）正确对待孩子的缺点

当孩子有了错误时，不要用偏激的言辞去斥责，而要循循善诱，晓之以理，和孩子一起分析事件的来龙去脉，指出孩子犯错误的原因以及造成的危害，然后，帮助孩子改正错误。一生中不犯错误的人是没有的，特别是人生观和道德观正在形成中的孩子，有缺点、错误的可能性更大。做父母的要充分理解他们，信任他们，引导他们正确对待错误。

（3）和孩子一起面对挫折

在日常生活中，对孩子的一切，切忌热心包办和冷淡蔑视。凡是孩子能做的事，只要是有益的，父母就支持他们去做。孩子缺乏经验和技术，有时失败了，或者有什么失误，这是正常现象。当孩子遇到挫折和失败时，父母应多进行安慰和鼓励，帮助他们找出原因，使他们的自信心得到充分的保护。

（4）对孩子宽严相济

要做孩子的朋友，既对孩子严格要求，善于从日常生活中发现问题，随时给孩子引导和指引；又把孩子作为平等的伙伴，与孩子一起学习一起

玩,尊重孩子的一切;还要给孩子确实到位的帮助,让孩子心里踏实,感觉安全,健康长大。

因此,不能只在嘴上对孩子表示信任,而要表现在行动上,尤其是那些学习成绩不理想的孩子的父母,要特别注意这个问题。因为任何孩子都希望自己是最棒的,有些孩子成绩上不去,屡遭挫折,心理压抑,心情烦躁,他们多么希望父母说几句鼓励的话,以减轻心里的负担。如果父母不理解孩子此时的心情,偏要在孩子身边一遍遍唠叨此事,即使父母的用意是好的,但招来的却是孩子对父母的反感,而且因此伤害孩子的自尊心,导致孩子自卑、怯懦、缺乏进取的勇气,甚至厌学。

相反,如果父母对孩子有足够的信任,即便孩子遇到了困难,他们也能够充满自信,积极发挥主观能动性,有效地进行自我调整,把困难转化为促进自己努力进取的动力。这不仅有利于激发孩子的学习兴趣,保持良好的学习情绪和心理环境,从而提高孩子的学习效率和学习成绩,同时也锻炼了孩子的自主性、创造性以及对自己和他人负责的能力。

总之,父母应该同孩子们建立起相互信任、相互平等、相互尊重的朋友关系。因为孩子们不仅需要在生活上能抚养自己的父母,也需要年龄大、阅历广,愿意倾听,能够给予自己忠告和帮助的"忘年交"。

如果父母还没有和孩子建立起平等信任的朋友关系,双方不妨现在就坐到一起,开诚布公、推心置腹地进行沟通和交流,把彼此的想法告诉对方,这样才会更好地消除隔阂,化解代沟。其实父母慢慢地就能体会到,同孩子做朋友是一件非常有趣,也是非常快乐的事情。

3
信任孩子就要给他充分的自由

作为一个独立的人,孩子需要充分的自由。自由就好像空气一样,是孩子成长所必要的养料,缺乏自由,孩子就会窒息而死。

美国舞蹈家伊莎多拉·邓肯说过:"我说算我运气,因为我所创造的舞蹈无非是表现自由,其灵感正是来自童年时代的放纵不羁、无拘无束的生活。我从来没有受到喋喋不休的'不许这'、'不许那'的严命制约。在我看来,这么多的'不许',恰恰给儿童带来苦难。"

美国教育家塞勒·塞维若说过:"父母生养子女的目的,不该是把他们作为自己的延续,也不该把他们当做自己的影子。做宽容的父母,就要让孩子的一切只属于他们自己。"

给孩子自由就要充分地解放孩子。教育家陶行知曾提出如下"六大主张":

①解放儿童的头脑,使其从道德、成见、幻想中解放出来;

②解放儿童的双手,使其从"这也不许动,那也不许动"的束缚中解放出来;

③解放儿童的嘴巴,使其有提问的自由,从"不许多说话"中解放出来;

④解放儿童的空间,使其接触大自然、大社会,从鸟笼般的学校解放

出来；

⑤解放儿童的时间，不过紧安排，从过分的考试制度中解放出来；

⑥给予民主生活和自觉纪律，因材施教。

那么，我们怎样给孩子自由呢？

（1）解放孩子的头脑

《青年文摘》上登载了一个对父母的测验："能说出子女的十个优点，那你就是一个优秀的家长；能说出五个优点的父母，是合格的父母；如果一个优点都不能说出，那你就该下岗了。"

许多父母希望孩子能够成为出色的人，但是，很少有父母真正考虑过孩子的特长和优点，按孩子的天性来培养孩子。他们往往凭自己的意愿为孩子设计将来，过早地为孩子定下发展的方向，硬逼着孩子朝着某一专业化的道路发展。

其实，孩子只要成为孩子自己，别的并不重要。孩子只要能够健康地成长，能够快乐地做自己，能够做自己想做的事情，这就是他们最大的心愿。父母如果给孩子过高的要求，强迫孩子做他做不到的事情或者他不愿意做的事情，不仅会让孩子迷失自我，更会让孩子的心灵受到伤害，这实在是不可取之道。父母也不要拿"好孩子"的标准做标尺，在自以为是的心态下，做出"不符合孩子意愿"的行为，那对孩子将是最残酷的。

每个孩子都有自己的思想，他们不可能完全听从父母的意见，做一个"听话"的孩子。正如我国教育家陈鹤琴所说："儿童有自己的思想。儿童有自己的力量，不让儿童自己去做他所能做的事情，不让儿童去想他所能想的事情，等于阻止了儿童心身的发展。"

（2）解放儿童的双手

意大利教育家蒙台梭利指出，孩子有很大的潜力，就像植物一样能够自长。教育者只需要给他们提供环境和条件。她提出教育要引导孩子走独立的道路，一旦孩子能沿着独立的道路前进，那么，孩子的各种潜能就能充分发挥出来。

在孩子很小的时候父母就可以让孩子自己照顾自己，让孩子懂得自

己的事情自己做的道理。比如,自己吃饭、穿衣,尽管孩子刚开始的时候吃饭会撒得满桌都是,穿衣不是穿反就是扣子扣不齐,但是,孩子在自己照顾自己的过程中,会体验到成功的乐趣。父母不用苛求年幼的孩子,也不要对孩子过分求全责备。孩子只要愿意做,我们就鼓励他。

许多孩子在年幼的时候非常淘气、顽皮,似乎总是要破坏家里的一切,这让许多父母非常烦恼。

英国教育家斯宾塞说过:

"淘气是孩子独立和聪明才智的体现。"

"顽皮是孩子的天性,适当的淘气、顽皮有助于孩子心理健康。"

"对孩子的过分顽皮,父母既不能听之任之,迁就纵容,也不能严厉斥责,拳脚相加。关键是要弄清孩子顽皮的原因。"

"孩子是不会无理取闹的,如果闹起来,总是有他的原因。父母要懂得孩子为什么要这么做,即使他本人有时并未意识到这一点。"

实际上,淘气、顽皮正是孩子的天性,父母千万不要限制孩子的双手,让孩子"规规矩矩"的。这会让孩子感觉非常难受,从而产生亲子冲突。

对于淘气、顽皮的孩子,父母要善于引导。对于孩子喜欢某事,家长应当设法帮助他努力。他爱弄虫鱼,说不定就是达尔文;他爱玩把戏,说不定就是爱迪生;他爱听音乐,说不定就是贝多芬;他爱涂颜色,说不定就是密雷。

(3)解放儿童的嘴巴

成长中的孩子,表面看来,一切皆在父母的掌握之中,实则不然。孩子有自己独立完整的人格,虽然年幼,也是振翅欲飞的鸟,不可能永远躲藏在父母的羽翼庇护之下。当你突然有一天被孩子顶嘴时,切莫大惊小怪。

不管是老师还是父母,不需要自己去维持长者的架子。其实孩子们知道应该尊重长者,但是,如果你故意端起一副长者的架子,自以为是地训导孩子们,孩子反而会觉得你是老古板,无法沟通。

一般来说,在民主自由气氛浓厚的家庭,孩子可以按照自己的意愿去

做事,可以随时发表对事情的各种看法。在这样良好气氛的家庭里,孩子很容易养成自由发表意见的习惯。

(4)解放儿童的空间

在孩子很小时,有的父母就会划分出一个孩子的房间,而且在孩子的房间里,配上最豪华的照明设备,让孩子在这里安心地游戏,安心地做作业。可是父母是否会想到,孩子需要的不仅是单纯的独立房间,更要有属于自己的、确保完全自由的遐想空间呢?

父母应该给孩子一个独立的、可以自由活动的小房间或者小角落,在这个属于孩子的空间里,让孩子自己来建设,包括选择书桌、书柜、玩具、图书、装饰品及各种学习用品等。允许孩子在自己的空间里做一些自己感兴趣的事,比如,养几条小金鱼,养几盆花,等等。只要孩子能够独立地支配自己的小天地,他就觉得自己是自己的小主人。

(5)解放儿童的时间

孩子虽小,父母也应该给孩子一些独立支配的时间,让他们在这些时间内做自己喜欢做的事情,不管是玩耍还是睡觉,是看书还是发呆。孩子只有拥有自己的时间,才能够满足他自我发展的需要,才会对父母的教育表示满意。

有一位明智的家长,在孩子很小时,就每天给孩子自由支配的时间,在这段时间里,孩子可以做自己喜欢做的事情。孩子有时玩,有时读自己喜爱的一本书,有时则画画。当然有时可能是忙来忙去什么也没干成,但孩子逐渐地懂得了时间的宝贵,学会了自己安排时间和计划。

儿童的时间应当安排满种种吸引人的活动。做到既能发展他的思维,丰富他的知识和能力,同时又不损害童年时代的兴趣。

(6)给予民主的生活

一般来说。在孩子的成长过程中,父母是孩子的良师、顾问,但不是指挥者、操纵者。对于孩子的行为,父母应该以建议的方式引导。而不能经常性地命令、控制。多让孩子进行自由的活动,是促进父母与孩子之间情感的好方法。比如,当孩子有同学、朋友来玩时,父母一般不要偷听孩

163

子们的谈话,给他们自由的空间。也可主动让孩子邀请同学到家玩,父母外出以给孩子充分的自由空间,但是要求孩子在活动结束后,和父母谈谈活动的情况,以便父母及时了解情况,也促进了与孩子们之间的沟通。

平时,孩子若想和同学、朋友搞什么活动,只要不是太出格的,父母最好都支持孩子,可以适当有所限制,但不能拒绝孩子参加。比如,当孩子说想在周末和同学出去野营时,父母应该说:"爸爸妈妈支持你的活动,但是你要告诉爸爸妈妈到哪里,有多少人,什么时候回来。"孩子多半是会和父母讲具体情况的。因为,父母放手让孩子进行自由的活动,表明了父母对孩子的尊重,孩子自然也会尊重父母,愿意和父母交流。

4

倾听,会加深孩子对你的信任

定期用专门时间倾听孩子,孩子对你的信任感会越来越深。他会向你袒露内心世界,让你知道他对事物的看法和他的感觉。你可能会遇到以下这些情况,说明孩子与你在一起的安全感正在增强。

（1）孩子试探你

孩子可能会专挑那种你觉得无聊或人的游戏让你和他一起玩,看是否不论他做什么你都喜欢他。他可能要你学滑冰、玩电子游戏,或在屋子里和你办"家家酒"等。当你能兴致勃勃地与孩子一起做他要玩的游戏时,孩子对你的信任感会迅速增强。

（2）在你的关注下,孩子会探索新的活动天地

父母的关注会使孩子有安全感。孩子会利用这种安全感来测试自己体力的极限。比如,在床上蹦高;沿着大街走,看自己到底能走多远;把他能拿到的东西扔到池塘里,甚至是他自己也跳进去。他会利用你的许可去进行充分、全面的探索。

（3）孩子会把重要问题摆到你面前

游戏中,你毫不掩饰的愉快心情和宽松的态度迟早会促使孩子试着触及那些让他烦心的事。例如,如果孩子在医院里挨了很疼的一针,在你与孩子办"家家酒"时,你就可能看到孩子如何开心地给你狠狠打上几针;如果他

在学校挨了老师的训斥,他可能就要扮演老师,用老师训他的话和腔调来责骂你。此刻,他是在就一个重要问题与你交流。他已经热切地接受了你的倾听。

(4)孩子会给你提出各种问题

孩子如果获得了安全感,会促使孩子向你亮出各种问题,诸如他对权利、暴力、看病、身体不适、离别、饮食、种种偶然的恐惧等问题的看法和困惑。他会专门找时间通过游戏、谈话等情感方式同你交流,释放他的紧张情绪。

(5)孩子会表现得越来越依赖于你

孩子开始信任你就会表现在他与你共享一件事情。作为家长你也会注意到孩子的许多积极的变化。比如,孩子对生活更加热爱,更怀有希望和激情能与你交流思想、分享成功的喜悦。孩子自己也会注意到这些变化,还会要求你更多地关心他,帮助他保持良好的自我感觉。一天内,他会频繁地争取你的关注。他会毫无顾忌地向你显示对你的依赖,或暴露自己从婴儿期就缠绕他的莫名恐惧,比如害怕黑天等。

这看起来像是他"退步"到了不成熟一样,会让你烦躁,但实际上这是一个进步。说明孩子已经逐步认同对你的信任,敢于对你透露他一直在独自承受的困难处境,能向你求助解决这些问题。

(6)你以为孩子已经解决的问题可能会重新出现

孩子想要对父母诉说自己的困难时,得到的反应常常不是话题被岔开,就是不被重视,或被责骂,或无人理睬。孩子最终只能放弃想得到帮助的打算,采取某些习惯的方式或重复某些行为使自己在困难处境中不会感觉太糟糕。

当家长和孩子关系得到改善、孩子有了较强的安全感时,他就会决定要取得你的帮助,要你倾听他,他将不仅仅在想要和你说话的时候找你要你听他说,而是养成了只要一有烦心事就找你去倾诉的好习惯,拉近与你的距离。

5
倾听也需讲究策略

　　倾听是人与人之间沟通的一种方法，这是因为倾听能够让对方倾诉自己的心声，能够把心里的郁闷、压力等不良情绪都发泄出来，从而心情舒畅、精神抖擞。

　　心理学家已经证实：倾诉能减除心理压力，当人有了心理负担和问题的时候，能有一个合适的倾听者是最好的解脱办法之一。

　　当你在抱怨"孩子不愿意与我沟通"、"孩子总是把事情闷在心里"时，你有没有想过，孩子为什么不愿意与你沟通。

　　当你真诚地问孩子时，孩子会说："父母不了解我，他们总是自顾自地讲大道理，从来不听我的想法！""我说什么都被否定，我还有什么可以向他们说的？"

　　事实上，每一个孩子都是愿意与父母沟通的，但是，亲子之间的沟通之门往往被父母们在无意中关闭了。

　　美国教育家老卡尔·威特说过："我在教育卡尔的过程中，渐渐掌握了一些与孩子进行沟通的经验，其中之一我称为"倾听的艺术"，人的思想往往需要通过语言表达出来，如果你不愿意倾听孩子的心声，你怎么可能全面地了解孩子呢，不了解孩子，与孩子沟通时就会更显得费劲。教育家周弘说过："要想和孩子沟通，就必须学会倾听。倾听是和孩子有效沟通

的前提。不会或者不知道倾听,也就不知道孩子究竟在想什么,连孩子想什么都不知道,何谈沟通?"可见,倾听是做好亲子沟通的第一步。

"倾听"是一种非常好的教育方式,因为倾听对孩子来说是在表示尊敬,表达关心,这也促进孩子去认识自己和自己的能力。那么,父母应该怎样来倾听孩子的心声呢?

(1)要有主动倾听的意识

长春的一位记者曾经在长春市文化广场上对一些3岁至9岁孩子的父母进行了随机采访。

在采访中,这些父母都被问到了下面这些问题:

"宝宝最喜欢你穿什么样的服装?"

"他今天最想做的事情是什么?"

"他告诉你自己为什么喜欢和某个小朋友交往了吗?"

"他做的每件错事你都听他申辩过吗?"

"你每天有固定时间段听宝宝讲自己的事情吗?"

遗憾的是,面对这些问题,这些父母都觉得非常惊奇,甚至有些父母表示,这些问题他们从来没有注意过。

处于成长期的儿童,明辨是非的能力虽不是很强,但也有他们独特的思维方式。主动倾听孩子倾诉,父母不仅可以走进孩子的心灵,而且能帮助孩子提高认识问题的能力。

跟孩子交流,有时候并不需要自己说,父母只需作为倾听者,给予孩子关注、尊重和时间,那是对孩子最有效的帮助。

倾听孩子的诉说是一把开启孩子心灵窗户的"金钥匙"。父母千万不能因为孩子小,就忽略他们的阐述,不要总是居高临下,而是要经常地蹲下去,与孩子面对面,平等地互相倾听与诉说。孩子有值得称赞的观点。家长应表明支持的态度,孩子认识上存在误区,可循循善诱启发开导。正如美国企业家艾柯卡所说:"很多人认为小孩子讲的话都是无稽之谈。然而我认为,如果现在听取孩子所关心的事,将来当他到十几岁后也能分担父母所操心的事。这两点是密切相关的。"

（2）要以发展的眼光看孩子

许多父母不管孩子说什么，总是先搬出孩子以前的事情评论一番，似乎总是揪住孩子的小辫子不放。

现实生活中常常会有这样的情况发生：

有时孩子犯了一个小错，父母凭着自己了解的情况对孩子的行为作出评价和责备。当孩子据理力争地申辩和解释的时候，父母就会气上加气，心想："你犯了错还狡辩！"于是，对孩子一声断喝："住口，不用解释了！"你能想象孩子这个时候该有多么委屈吗？即使事后你为冤枉了孩子而向他道歉，但对他的伤害仍然已经造成。

老是听到"你不用解释"的孩子，渐渐放弃了为自己辩解的权力，他们会背着很多的冤屈，一个人默默承受，而这样的负担可能会造成严重的心理问题。

有一天，当孩子的心理问题出现的时候，父母们会突然悔恨地说："为什么我没有及时发现呢？"

父母不让孩子把话说完，往往是出于这样几种心理：

①孩子的话说到自己的痛处，让自己觉得没面子。所谓童言无忌，孩子总是想到什么就说什么，没什么忌讳。父母不妨抱着轻松的心态听听孩子怎么说，或许自己也能受到启发。

②总认为自己是对的。这样的父母属于顽固型，不听解释，不听辩解，老认为孩子是在找借口。长期如此，孩子就会慢慢习惯了沉默，哪怕是面对冤屈，也缄默不语。一个不会据理力争的孩子，很难适应这个竞争激烈的社会。

③觉得孩子小不懂事，没有耐心听孩子说。其实，虽然孩子的思维比大人简单得多，往往也能从复杂的事情中看到本质的东西。

④总认为孩子会犯错误，孩子有许多缺点，从而不愿意听孩子解释，主观认为孩子的解释是为自己找借口。

事实上，每个人都是会变化的。会进步的。孩子也是如此。每一天，孩子都会遇到许多新事物，学习许多新知识，他在不断地成长、不断地进

步。如果父母总是想着孩子的错误和缺点,就会否定孩子的优点和特长,以主观偏见来代替客观评价,结果,孩子的信心受挫,不再主动向父母倾诉。

一般来说,每个孩子心理问题的产生,都会在日常生活中表现出来,父母的忽视会加剧孩子内心的无助与绝望。因此,心理学家警告父母:一定要以发展的眼光来看待孩子,倾听孩子成长的故事,如果父母从不听孩子说话,孩子长大后往往要经过许多年治疗才能恢复自尊。

(3)善于倾听孩子的委屈

对于孩子来说,每天发生的许多事情,他们需要与父母一起分享。当他们遇到快乐的事情时,他们愿意与父母分享他们的快乐;当他们遇到烦恼的事情时,他们希望父母能够倾听他们的诉说,理解他们的心情,分担他们的烦恼。

法国作家罗曼·罗兰说过:"大人的痛苦是可以减轻的,因为知道它从哪儿来,可以在思想上把它限制在身体的一部分,加以医治,必要时还能把它去掉。婴儿可没有这种自欺欺人的方法,他初次遭遇到的痛苦是更残酷、更真切的。"对于孩子来说,也是如此,他们缺乏人生经验,更加需要向父母倾诉,从父母那里得到指导。每一个孩子都会受委屈,父母的责任就是倾听孩子的委屈,引导孩子调整自己的情绪,从而帮助孩子建立良好的情绪自控能力。

北京师范大学研究员、社区与家庭教育研究所所长赵忠心主张家长利用假期多听听孩子的倾诉。他说:"现在的孩子越来越多地承受着间接来自社会、家长、老师、学校的压力,因而家长更要注意利用假期对孩子的心理进行调试。不要以为只有得了心理疾病之后才需要调试,家长应试图通过调试、沟通来缓解孩子的压力。常有家长对我说,他的孩子几乎不与家长交谈,其实进入青春发育期的小学高年级学生和中学生心理处在一种封闭状态,更愿意跟同伴倾诉。"

因此,家长不要以一个教育者的姿态出现在孩子面前。不是动员孩子说话,而是在思想上把孩子看成自己的同事朋友那样,平等对话,不要

积极评论,发表意见,遇到不赞成的观点时,也不要马上表态,应提出问题让孩子思索,允许孩子保留自己的观点。调试的关键不是判断观点的对错,而主要在于倾诉和疏导。

(4)要做出认真倾听的样子

当孩子主动向你倾诉的时候,你一定要表示出你的兴趣,你应该用眼睛注视着孩子。对孩子说:

"宝贝,你说吧,我听着呢!"

"是吗?什么事,说来听听!"

"真的吗?接着往下说,我听着呢!"

在孩子诉说的时候,父母不要随意打断孩子说话,只要简单地附和一下就可以,同时,父母应适当地增加一些体态语言。比如:

你可以紧挨着孩子坐着,同时侧身搂着孩子的肩膀,微笑地注视着孩子,说:"哦,是吗?我明白你的意思了。"

你可以放下手中的事情,瞪大眼睛,张大嘴巴,做个夸张的表情,说:"真的吗?"当孩子讲的事情出乎你的意料之外时,你可以用"大惊小怪"的神情来表达自己的兴趣,孩子会认为自己很有本事。

你可以坐在孩子的对面,用慈爱的目光注视着孩子,若有所思地回答:"那倒是。""我想那时你肯定很伤心(高兴)吧?"

你可以抓着孩子的手,温和地注视着孩子,说:"我理解你的感受。""嗯,我理解你的心情。"

这些附和性的语言往往会增加孩子诉说的兴趣,而且,由于这些语言是站在孩子的立场去理解他说的事情,孩子往往会感觉到父母的尊重,进而更加敞开心扉地与父母沟通。

在倾听孩子诉说的时候,父母可以适当地提一些简单的问题,引导孩子来表述他的想法,把问题说清楚。比如:

"哦,是吗?你认为这件事情他们做得对吗?"

"我知道这件事情让你很伤心,但是,你觉得自己有错误吗?"

"告诉我你的想法,也许我可以帮你。"

这种互动性的语言往往可以拉近孩子与你的距离,让孩子更加乐意表露自己的思想。父母说话时的语调应该柔和,同时不断地给孩子一些鼓励。

如果孩子说得不完整,父母可以适当地补充完整;如果孩子说得有偏差,父母可以友善地纠正孩子的说法。

比如:"妈妈的意见和你不一样,我觉得……更好,你觉得呢?""妈妈的意见是这样的……你再仔细考虑考虑,总结一下再下结论。"

不管孩子说的是否有失偏颇,父母千万不要对孩子的不成熟想法泼冷水或是讽刺和嘲笑,这样会使孩子不愿和父母交流,因此父母要用理解的心去接纳他们。

在结束谈话之前,你可以让孩子详细地描述某一个场景,并让孩子尽量描述得很仔细,这个场景就会成为父母与孩子之间沟通的美好记忆。

当孩子想要跟你讨论一件比较重要的事情时,父母一定要放下手头的工作,对孩子表现出兴趣。这样,孩子就会觉得父母很重视他,他会主动敞开心扉,向父母述说自己的事情。

有经验的父母会发现,不管孩子要跟你诉说的是一件如何简单的事情,但是,只要你表示出认真倾听的样子,表示出你的兴趣,孩子就会兴致勃勃地讲下去,进而表达出自己的情感和思想,实现与父母的思想交流、情感沟通,慢慢地,良好的亲子沟通就建立起来了。

(5)倾听孩子的心声

当孩子向你述说的时候,父母要学会通过孩子的语言来察觉孩子内心的想法。比如,当孩子向你提问的时候,一定要了解孩子内心真实的想法。有时候,孩子的真实想法并不是直接表达出来的,很多时候它是隐藏在问题下面的,这时,需要父母了解孩子的真实想法,然后有针对性地回答孩子的问题。

当孩子问你:"妈妈,今天你要不要去买衣服?"这时的孩子并不是想真正知道你要不要去买衣服,也许他想跟你一起去逛街,也许他想趁你出去的时候看一会儿动画片。尽管对于同一个问题,每个孩子的潜台词是

不一样的，但是，如果父母真正关注孩子的需求，孩子的真实想法是不难察觉的。

再比如，如果孩子希望跟你一起去逛街，或者趁着逛街的机会给他买一个小玩意儿，他肯定是一脸的兴奋，希望你对他说："要去呀，要不你跟我一起去吧，如果你表现出色的话，我可以考虑给你买个小玩具。"这时候的孩子会非常听从父母的话，他努力做个好孩子，希望获得父母的奖励。如果孩子希望趁你出去的时候看一会儿动画片，他往往会眼光躲躲闪闪，不希望你直视他，怕父母看穿他心里的想法。这时，你可以对他说："我是要出去买衣服，但是，我希望你在我出去之前，你能够把作业做完，这样，我出去的时候，你就可以看一会儿动画片，而且，我还会考虑给你买点吃的回来。"这时的孩子肯定很高兴，这不仅是因为父母了解他内心的想法，而且他知道自己的要求得到了同意，尽管他还需要完成作业，实际上，他已经非常乐意去完成作业了。

6
对孩子放手，
不要强加干涉他的出格行为

　　现在孩子们的生存、成长环境，无论是家庭还是社会，都和父母小时候不一样了。他们接触社会、接触新事物更早、更广泛，他们面对的世界更精彩。这就更容易增强好奇心，容易突发奇想，有意无意地做一些出格的事。

　　针对这种情况，教育专家指出：面对孩子的诸多出格行为，如果父母简单地看成越轨、破坏纪律而加以批评和限制，可能就会把一些孩子的主动性和创造性扼杀在框框里。

　　反之，如果父母能够正确地对待孩子的"出格"行为，对他们加以正确的引导，调动他们的主动性和创造性，培养他们的创造精神和战胜困难挫折的勇气，那么在"出格"的孩子们中间一定会出现更多人才。

　　一名美术老师曾给孩子们设计过一个课题：让孩子们画自己的故事绘本。老师先给孩子们讲了一个关于鸭子的故事，然后又讲了鸭子的特点，分析了怎样画鸭子，然后给他们四张纸，让孩子们发挥想象，自己编绘关于鸭子的故事，孩子们很兴奋，互相说笑着开始了他们的创作。

　　6岁的伊雪想了好长时间才开始动笔，一出手就画了半只鸭子！陪孩

子画画的父母们看见一张大纸上什么都没有,却在画纸边上只画了半只鸭子,都觉得不可思议,开始七嘴八舌的议论起来:"怎么只画个鸭屁股呀? 这孩子怎么乱画呢? 好好一张纸不画,画到边边上干什么?"……

伊雪的妈妈也说:"你看人家画得多好! 你看你! 哪有画半个鸭子的呢? 怎么能画得这么不完整? 都到纸外面去了? 把纸翻过去重画吧!"

老师赶紧过去看了看,说:"让孩子画完,不要着急! 孩子一定有她自己的想法!"

果然,伊雪下笔后,似乎胸有成竹,很快完成了那幅画。老师让她给大家讲讲画的内容,伊雪简单地讲了一下她画的故事:"鸭妈妈和鸭孩子出去玩,走散了,小鸭去问青蛙妈妈:你好! 你看到我的妈妈了吗? 青蛙妈妈说没看到;小鸭又问乌龟姐姐:你好! 你看到我的妈妈了吗? 乌龟姐姐也说没看到! 最后小鸭终于找到了自己的妈妈,原来,妈妈去找妹妹了! 妈妈带着小鸭和妹妹一起去了游乐场!"

这时,大家才明白,原来那画面上的半只鸭子,是跟着妈妈的小鸭子。妈妈和妹妹已经走出画了,而小鸭子才走出去一半。

看着画面,老师为孩子的创意感到欣喜。伊雪的妈妈也感到震惊。

对于一个6岁的孩子来说,做的事情虽然出乎父母的意料,可是这样丰富的想象力,是多么的宝贵啊。

175

强烈的"出格"思想对孩子的成长是有害的,但孩子的"出格"思想也有其不可忽视的积极因素。认识到了这一点,有助于正确对待孩子的"出格",因势利导地教育孩子。

教育专家指出,"出格"对于孩子的成长有如下几方面的积极作用:

(1) 有利于孩子独立性的发展

孩子的"出格"大多发生在青春期。青春期的孩子处在生理发育的高峰期,这一阶段也是心理发展的巨变时期。这个时期是由孩子向成人过渡的心理"断乳期",他们不再像儿时那样依恋父母,也不再把父母看作是"至高无上"的"权威"。这样的心理素质,如果能悉心保护,正确引导,有利于其独立创造性的发展。

（2）有利于孩子情绪的调节

孩子处于发育的过渡时期，其中枢神经系统活动的基本过程，一般是兴奋过程强于抑制过程。有"出格"思想的孩子，是不会让情绪长期滞留在心中的，发泄后情绪会得到调节，对孩子心理健康是十分有益的。

（3）有利于培养孩子的求异思维

孩子的"出格"思想，有时是针对传统思想的束缚而产生的。传统观念认为是这样的，而具有"出格"思想的孩子偏偏认为是那样的。虽然有时可能"钻牛角尖"或失之偏颇，但更多的时候，却是他们求异思维的表现，他们在试图独辟蹊径，从其他角度来观察和分析问题。

（4）有利于孩子形成开拓的个性

孩子产生"出格"思想，实质上是他们心理上对于常规的"突破"。当他们心理上一进入"突破"阶段，表现出来的，就不再是过去的听话、顺从，而是勇敢和冒险。现代社会充满着竞争，从小培养孩子好胜、敢闯的心理素质，有利于形成开拓进取的个性。

所以，一个合格的父母应该能够正确认识和对待孩子的"出格"，并积极引导孩子，使其朝着富有建设性的健康方向发展。

父母应该如何正确对待孩子的"离经叛道"行为呢？教育专家为广大父母们提供了如下对策。

（1）正确理解孩子的"出格"行为

父母要知道孩子的一些"出格"行为，其实是对于自己生理心理成熟的一种尝试性反应。绝大多数并非父母所想象的那样，孩子真的学坏了，而只是孩子个体成熟的心理反映而已。

（2）正确应对孩子的"出格"

父母发现孩子的"出格"行为时，的确需要表明态度，但是，方式方法非常重要。应该给孩子一个平等对话的机会，避免因为简单粗暴而伤害了孩子的感情，甚至激发孩子的逆反心理，推动孩子走向父母希望的反面。

建议父母在这个时候，可以采取"主动式聆听"，最好由父亲来处理儿

子的问题,母亲来处理女儿的问题,这样共同语言会多得多。父母可以坐在孩子身边,主动和孩子聊聊这方面的问题,可以告诉孩子自己在这方面的一些经验和体会。

(3) 用沟通交流走入孩子的心扉

交流、沟通是走进孩子心灵的最好方法。面对"出格"的孩子,和他们进行良好沟通是引导他们的必要前提。每个父母都应该提高自己和孩子交流沟通的能力,只有如此,才能够走进孩子的心扉,摸透孩子的想法,才能采取具有针对性的,高效的教育方法。

作为一名合格的父母,一定要敢于接受孩子的"出格",要能够善待孩子的"出格"行为,要善于引导孩子走向精彩的人生。

第九章

充实自己，理解孩子

1
充实自己的知识,
关注孩子喜欢的知识

（1）求知型父母的重要

《中国妇女报》曾经刊登了"家庭教育有奖问卷调查",收到来自全国30多个省市近5000份答卷,还有近200封父母和孩子们的来信。在调查中发现,58%的父母认为自己在教育孩子方面能力属于一般水平;52.2%的父母认为自己需要学习如何教育孩子;44%的父母认为自己非常需要学习怎样教育好孩子。其中,很多父母谈到:我不知道如何指导孩子看电视、玩游戏机等;我不知道为孩子推荐什么样的儿童报刊和课外书;我不知道从哪里能获得教育孩子的知识和方法;我不知道用什么方法和自己的孩子交流等。所有这些都说明,要做一个成功的父母,教育孩子首先要教育自己。

①父母是孩子的第一任老师,也是终身的老师,当孩子慢慢长大,父母的知识便显得有些落后了,这个时候,作为父母的我们就该补充一些自己的知识,补充一些孩子喜欢的知识,让孩子愿意和我们在一起,而不是因为我们在知识上的缺乏而疏远我们。

教育是门艺术,记住,是门艺术。你要先看看自己,有没有给孩子创造个让他可以探索、可以学习的环境,这是比较重要的;再看看你自己是

不是比较喜欢学习,如果你是个爱学习的人,那么自然地孩子也会跟着你学了,小孩子就是这样学习着大人的行为长大的。

②如果向家长们问一句:当前家教重点在哪? 马上会有家长说:"提高孩子能力。"您的回答是正确的,但不完全正确,您忘了自己。在家庭教育中,许多家长之所以对孩子"不会管",是因为他们看不到自己缺乏正确的家教观念和科学的家教方法。家长如果用不正确的观念方法去教育孩子,就如同拥有缺陷的设备和方法去生产产品,其结果必然造成家教失败。

如何让孩子"听话"? 如何不让家庭中产生悲剧? 正确的做法是:运用"家庭教育全面质量管理方法"中的"全面管理"观念,在解决对孩子应该"管什么"的问题之前,家长先要解决自己"学什么"的问题。

● 家长只有认真学习才能不被时代抛弃。

在日本、美国,孩子最尊敬的往往是自己的父母,可在中国,父母的地位如何? 据一项调查,在孩子的心目中,母亲排到了第十位,父亲更是排到了第十一位,远远低于各种"星",说明父母在孩子的心目中,并不"光彩照人"。2000 年 4 月,大连一个 14 岁的少年上法院提出要"炒"父母,更换自己的监护人,后经过调查,并不存在父母虐待孩子的问题,只是教育方法不当。

一些母亲为了家庭、为了孩子贡献了自己的一切,但孩子心目中的母亲是什么样的? 一个孩子的话:"我妈妈把全部心思和精力都用在了我身上,说实话,我觉得她挺不容易的,可我就是对她尊敬不起来。"辛勤操劳十几年的家长们有一天突然发现:自己没用了,被发展中的家庭、被成长中的孩子看不起了,大家看不起你,不爱理你。据上海的一项调查:在孩子心目中,31.5%认为母亲缺乏魅力、文化知识偏低、思想平庸;75.8%认为母亲应该加强学习、提高自身修养;80.2%希望母亲改进教育方式,和孩子交朋友;67.3%希望母亲尊重自己,给自己提供成长的空间;只有3.7%的孩子对母亲现行的教育方式表示能接受;7%的孩子对母亲表示敬佩。为什么落得这样一个可悲的结局? 因为思想陈旧、语言陈旧。为了

能得到家庭的尊重,为了永远做一个"有用"的人,家长必须加强对现代家庭教育知识的学习,必须不断充实自己,只有如此,才能避免家教的失败。

● 家长只有认真学习才能"教子成功"。

"家长"是什么性质的"职业"?它是一个不经过考核就可以上岗、永远不会因为考核不合格而下岗的职业。天下最简单的事就是为人父母——把孩子养大,那甚至是许多动物与生俱来的本能;天下最难的也是为人父母——它要求在没有现成的经验和方法下,必须把孩子教育成功,它体现家长的家庭教育水平(谁也不敢在孩子出生时就保证:我一定能把孩子教育成功)。

作为家长,我们认真履行了自己的职责,明白了对孩子有责任管、管全程、管全面,这样做就行了吗?当然这还是不行!您还是没有完全尽到自己的责任,家长还要有责任提高自己的能力、有责任学习正确的教育方法。

绝大部分家长都是第一次当父母,从来没有全面、系统地学习过家庭教育知识。据有关调查表明,我国90%以上的家长不具备家庭教育经验,许多家庭还是以从上一代继承下来的观念(不管落后与否)、以自己现有的知识程度(不管正确与否)对孩子进行家庭教育,具体表现在家庭教育中对孩子"不管"或"不会管"。

作为一名合格的家长,对孩子不仅要管(否则是失职);更要做到有能力管(否则孩子不服你管),有方法管(否则就是形式化管理、无效的管理)。著名教育家陶行知曾经说过:"我希望我的儿子做一个什么样的儿子,我自己得先做成那样一个儿子。"家长如果不学习科学的家庭教育方法,也就失去了教育孩子的能力和资格,所以说,家庭教育不仅是培养孩子的问题,更是教育两代人的事情。为了使孩子受到全面正确的教育,家长首先要接受全面正确教育。

(2)构造学习型家庭

1996年,联合国教科文组织提出了"学会求知,学会做事,学会共同生活,学会生存"的教育目标。这是21世纪的学生必备的学习能力,也是家

庭教育中的重点,是现代人学习的动力和目标。

前苏联教育学家苏霍姆林斯基曾指出:学校教育要实现促进学生"和谐的全面的发展",离不开"两个教育者"学校和家庭的密切联系和协调一致的配合。他说:"学校和家庭,不仅要一致行动,要向儿童提出同样的要求,而且要志同道合,抱着一致的信念,始终以同样的原则出发,无论在教育的目的上、过程上,还是手段上,都不要发生分歧。"

因此,学习型家庭应成为学校和家庭教育密切结合的典范,应教会学生学习,教会他们求知、做事、共处和生存的能力。

①学会求知,即在当今的信息社会,孩子不能只是接受老师教授的课本上的或课堂内的知识,还要学会自学,学会获取其他知识的本领。要学会向未知的领域求知,变"不知"为"知之",变"知之不多"为"知之甚多"。而学会求知这一能力也需要家长作出一些表率,因为家长永远是孩子的第一任老师。

②学会做事,即在社会的大学校里学会解决问题、分析问题的能力。能够独立地做一件事,用学到的知识去解决实际生活中的问题,这是要有一定实践能力的。学习上、生活上碰到了问题,都要学会自己分析、解决,如在家中能够独立地做一些家务或尝试进行家政管理等。当然在学会做事的同时还要有一定的创新能力,充分发挥想象力,做好事情。

③学会共处,即学会与家人相处,与朋友相处、与邻居相处、与同学相处、与他人相处,即与他人和平、友好地相处,要克服"以我为中心"的倾向。人类社会既是一个竞争的社会,更是一个合作的社会,没有合作,将一事无成,因此学习型家庭要教会孩子懂得宽容别人,懂得分享快乐,不搞独霸、独占,不能以自我为中心。

④学会生存,人的一生是一个自我完善、自我发展的过程,是一个无止境的学习过程,人必须从他的生存环境中不断学习那些自然和本能没有赋予他的生存技术,例如小时候我们要教孩子吃饭、穿衣,稍大些要教他们识字、明礼,再大些要教他们克服困难、学会生存。当然学习不仅仅为了生存,更是为了发展,为了发展,就更需要学习,去寻找新的学习目标

和学习内容,从而实现完善自我,达到自我实现的目标。

学习型家庭的家庭教育要体现合作学习的精神,家庭成员要平等相处,家长不能居高临下,与孩子讲话要平等,多沟通、多交流;若平等交流意见不统一时,可以与孩子进行纸笔交谈,纸笔交流的好处是这种形式最适合表达双方的情意,最能妥当、婉转地说出对事情的看法,这种交流既能解决问题,又保护了孩子的自尊心,也能提高写作能力和表达能力。另外要教孩子制订学习计划,计划应制订得合适,即达到跳一跳能摘到苹果的感觉。计划制订后,家长要适当地指导、帮助孩子去实现目标。这个指导、帮助应有个度,不能代替孩子去做,不能直接帮孩子去实现目标,当然也不能让孩子实现不了这个目标,要让孩子始终保持较强的自信心去实现家庭计划。

学习型家庭更要让孩子懂得为什么要学习,在教育中要渗透终身学习的理念。联合国教科文组织曾指出,在迅速变革的时代,终身教育应摆在社会的中心位置上,"终身教育是进入 21 世纪的关键所在"。要让孩子明白终身教育包括正规教育、非正规教育和非正式的教育行为和活动。学习型家庭家长应成为家庭中学习的主角,不仅要带头学习,为孩子作学习的表率,更要和孩子一起学习,相互学习,因此学习型家庭是亲子学习的典范。家长要在孩子面前做终身学习的榜样,让自己的行动证明终身教育是贯穿一个人生命全过程的教育,学习应该成为家庭的重要功能,成为家庭的一种生活方式。

并且通过创建学习型家庭,能使每个家庭成员懂得学习,建立更为平等的家庭关系,并在和谐、融洽的气氛中学习,使学习成为一种最基本的生存需要,成为家庭的一种生活方式,成为一件很快乐的事情。让每个学习型家庭的成员都能有终身学习的理念,都能做到活到老、学到老。在现在的信息时代、网络时代,如果不继续学习,每个人都会落后,正如伟大的教育家陶行知先生所指出的"生活即教育"的理论,学习型家庭要始终教育我们的孩子,学习是一种开放的学习,要向同学学习、向老师学习、向课本知识学习、向自然学习、向社会学习、向现代科技学习、向生活学习。

父母要树立榜样，处处作孩子的表率。年幼的孩子缺少辨别是非的能力，他们总是无意识地模仿父母的行为。父母的言行举止无论好坏都会被孩子不自觉地效仿。好的行为被效仿，当然很好，但坏的被效仿了，改变起来是很难的。当我们友好而和善地对待他人时，我们的孩子就会学到我们的善；当我们心胸狭窄、自私自利时，我们的孩子也同样学到了这些东西。所以父母亲的一言一行无不对孩子产生重要的影响。

2
了解孩子是教育成功的首要条件

（1）家长要学会了解孩子

了解和研究孩子是教育孩子的前提,古今中外的知名教育家都十分重视了解和研究教育对象。我国古代《学记》认为:"知其心然后能救其失也。教也者,长善而救其失者也。"按照这个要求,我们的父母就要能够洞察孩子的心,全面把握他们的长处和短处,再有针对性地"长善"和"救其失",才能使孩子健康成长。

"您了解自己的孩子吗?"

"当然了解!"几乎所有的父母都会这样回答。

俗话说:"知子莫若父"。每一位父母在一定程度上是了解自己的孩子,并能说出他的一些特点的。孩子从出生之日起就融入充满爱的家庭氛围之中,父母是孩子最亲密最值得信赖的人。家庭成员生活在一起,朝夕相处,为父母了解和研究孩子提供了时空和情感上的便利条件,相信天下没有人比父母更能了解自己的孩子了。但是父母的看法并不总是准确和全面的,也不是总能够考虑到孩子各方面的特点的。"察子失真"的现象在现实生活中是许多父母很容易犯的错误,这究竟是什么原因呢? 因为父母经常与孩子在一起,就会对孩子的一些行为表现熟视无睹或视而不见;还有些父母忙于事业发展,累于生活琐事,很少能抽出时间专门地

観察、研究自己的孩子，因而不能形成对孩子正确、全面的认识。这正如一句古诗所云："不识庐山真面目，只缘身在此山中。"

①家长了解和研究孩子，具有许多得天独厚的条件。

• 从时间和空间条件看，父母和孩子间的时空距离是最为接近的，两代人频繁互动的交往为家长了解孩子提供了客观的可能性。孩子主要生活在家庭里，家庭是满足孩子物质和精神需要的主要场所，即使是上小学后，孩子每天仍有大约三分之二左右的时间在家庭里活动。在每天同孩子的交往中，父母经常为孩子操心，满足他们的需求（尤其是物质需求），在这个过程中父母自然会去了解孩子的各种状态，去体会孩子的心态，去思考孩子的要求。长此以往，父母就能对孩子有一定的了解。另外，父母还能站在"历史的高度"去把握孩子的过去和现在，并推知孩子将来的发展，这是任何其他人所不能胜任的。

• 父母和孩子间的亲子关系为家长了解和研究孩子奠定了坚实的情感基础。在家庭关系中，除了夫妻关系，就是亲子关系，这是异于夫妻关系的又一种最基本、最重要的家庭关系。正是这种亲子关系，促使父母对子女产生深切而真挚的爱以及强烈的责任感，促使父母时刻关注孩子的言行，去考虑孩子的教育和培养问题。现在父母对独生子女期望值越来越高，家长重视家庭教育，努力去掌握有关教育知识，加强自身科学文化素养，为深入了解和研究孩子做好了知识上的储备。

②了解和研究孩子的一般内容。鲁迅先生说："孩子的世界与成人截然不同，倘不先行理解，一味蛮做，便大碍于孩子的发达。""孩子的世界"究竟是怎样一番景象呢？主要反映在以下几个方面：

• 孩子的健康状况与身体发育情况，主要是指孩子的形体结构、生理机能、身体素质、基本活动能力和对自然环境的适应能力、运动的基本知识、技能、自觉锻炼身体的习惯等。

• 孩子的智力发展水平和学习情况。智力是各种认识能力的综合表现，是观察力、记忆力、想像力、思维力等能力的综合，而思维能力是智力的核心。情感、动机、注意力等非智力因素对智力发展也有影响。

学习情况主要包括学习目的、学习态度、学习方法、自学能力、学习成绩以及学习中的困难等。

● 孩子的个性心理品质。这大致表现为在能力、气质和性格上的差异，个性的形成与如下四种因素有关：先天的生理素质、孩子所处的生活环境、个人的活跃程度、周围人对孩子的教育熏陶。孩子的气质、性格、兴趣、能力等个性特征的不同，要求家长对孩子的教育训练做到因人而异、因材施教。如果忽视孩子在某一方面所具备的能力素质，粗暴地强制他们放弃原有的兴趣爱好，强迫孩子学习他们根本不感兴趣的东西，只会收到适得其反的效果。

● 孩子的思想品德素质。主要包括政治影响、人生观、世界观、道德品质与行为习惯；道德思维能力和道德评价能力；自我教育的能力和习惯；当前的思想矛盾、思想问题与实际困难等。所以说教育孩子的前提是了解孩子，了解孩子的前提是尊重孩子。今天的孩子难教育，这是个世界性的问题。难在哪里呢？有人说知识不足，有人说方法不当，这些都是对的，但最重要的原因恐怕是对今天的孩子缺乏了解。有些父母也许不服气："知子莫如父母，我们天天看着自己的孩子，难道还不了解他(她)？"

让咱们来看一些事实吧！

住进高楼里的孩子孤独感增强了，父母们于心不忍，建议孩子外出跑跑跳跳，孩子却回答："没劲!"鼓动孩子找邻居伙伴玩玩，孩子竟说："不愿意"。

如今的孩子特别喜欢看卡通(漫画)。有位家长是儿童图书奖的评委，抱回家许多获奖图书。可儿子毫无兴趣，却用零花钱买回近百本卡通，忘了吃饭、忘了功课、忘了睡觉，看得开怀大笑、浑身乱抖。父母困惑不已，要过卡通书细看了半天，居然看不明白：这是什么鬼东西，乱七八糟，胡言乱语！可问题是孩子一看就懂，一懂就迷，您是大人怎么就看不懂呢？

正如读书一样，世界上的书浩如烟海，最难读的是子女这部无字之书。做父母的，要透过子女的内心世界，读懂他们的每一天、每一年，也

就是说,教育孩子的前提是了解孩子。假如家长和孩子之间关系出现问题,主要原因是由于双方沟通不够、缺乏了解而引起的。许多父母都有这样的体会:孩子越大,便越难与他们沟通,甚至不知应该怎样去交谈。

孩子是成长的个体,其心理特点具有发展性、多变性、可塑性。在成长过程中,都要经历大脑发育、语言发育、心理发育等关键期。

当孩子逐渐长大,知识面、接触面增大,他开始学会自己观察、思考,对一些问题有了自己的看法,有时觉得有些事情没有必要跟父母说,这样父母就会缺乏对孩子的了解,因此相互间的沟通就显得十分必要了。家长的理解对孩子的成长至关重要,它是使家庭教育步入正轨的一个重要前提。许多家长抱怨孩子不理解自己,其实他们何尝理解孩子!他们是按自己的想法为孩子做这做那的,孩子想什么家长根本不管。

（2）给父母们的建议

父母对子女说话时,应该有正向的目的,例如提供知识信息、解决疑难、分享情感,表达自己的意见等。父母如果能表现友善,不以强者的权威压制孩子,往往会得到孩子相对的友善。

家长与孩子对话,一定要注意语气与态度,尽可能经常微笑,以欢愉、平和的声音,显示出友善、冷静的态度以达到沟通的效果。不妨试试以下的建议:

①接纳孩子。必须让孩子知道,无论在什么情况下,父母都是爱他、支持他的。不管他说了什么或做了什么,也许父母并不接纳他的行为,但依然是关爱他的。有时只要简单的一句话:"很好!""真是我的好孩子!"或"我也这样想!"都能使孩子觉得受到父母的认同。

②表达感情。有些父母只有在孩子小时候才表达亲昵的行为,当孩子长大后便改以冷淡的态度,甚至拒绝孩子的"痴缠"。然而温暖的身体接触可令孩子切身体会父母的关怀。此外,也别忘了接纳孩子对你表达的爱意。所以,请多亲亲孩子并常说:"我爱你!"

③多说"我",少说"你"。不要说:"放学后,你应该立即回家!"可以说:"放学后你不立即回家,我会很担心。"

人们常常说,在孩子的教育上,应该要从正确理解孩子入手。这个"正确理解"究竟指的是什么呢?

了解孩子的性格情况和兴趣的方向,或者掌握孩子的要求和想法等等,这对理解孩子来说都是很重要的。可是,如果根据错误的做法和肤浅的方法去理解的话,结果就不会达到真正的理解。所以,为了真正理解孩子,必须有正确的理解方法。这就是要考虑正确理解孩子的基本方法,也就是对孩子的基本看法,在此基础上就可以考虑具体细致的方法了。

对孩子的基本看法,有各种不同的观点,家长们则要从如何去看待和处理孩子在日常生活中所表现出来的各种行动的角度上去予以探讨。

孩子的生活可以说就是游戏。在占其日常生活大部分的游戏活动中,包含着大量的精神活动,包含着这种精神活动的孩子的行动,就是孩子的所有"反应"或者"活动"的反应。如需要母亲、同小朋友说话、猜谜、看画册或者听故事等都是孩子的"行动"、"活动"或者"反应"。在这样的行动中,既有像"看书"那种能够直接观察出来的行动,也有像"喜欢老师"那种通过对孩子的活动或者行动的观察而间接推测出来的行动。总之,表现在我们面前的孩子的行动,任何时候都是在一定的环境中进行的,脱离环境的行动是不存在的。这就是说不能脱离环境去考虑孩子的行动。孩子愿意去野外采集美丽的花草,喜欢在室外做模仿游戏,乐意在教室里看连环画剧和听故事,等等。当孩子进行游戏活动时,在那里一定有包围孩子行动的场面,也就是环境。这就是说,不论在什么时候,行动都是在一定的环境中进行的。

由此可以认为,行动是由环境所决定的。了解这种情况下的环境对行动具有何种意义,并且进而弄清行动和环境有着怎样的因果关系,这对了解孩子的行动、更好地理解孩子,是极其重要的基本途径。

3
家长不要只关注孩子的学习

（1）关注孩子内心需求

有这么一个故事,一个老师问孩子长大后要成为什么人? 一个孩子回答道,长大后要成为小丑。那个老师立即鼓掌,表扬孩子志向远大,为了人类增加更多笑声与快乐而树立理想。而如果在中国,如果孩子说长大要成为小丑,一般会被训斥为胸无大志。这就是观念的区别。朋友说她的一个外国朋友立志要成为一流的调酒师,并且在为之努力。而朋友告诉她父亲时却被她父亲嘲笑,说外国人这么可笑,这是什么理想呢? 好像孩子的理想不是要成为科学家就是医生,或者宇航员一样! 这是国内外教育观念的区别,也是为什么国外有诺贝尔奖获得者,而中国没有的关键所在。中国一味追求成绩,产生应试教育,孩子的其他方面没有得到发挥,心理健康、创新思维、情商、逆商没有得到家长的重视。应该说,只要孩子能够健康成长,能够一辈子幸福的度过,不管做什么都是应该父母亲值得开心的。这些是和成绩无关的,无论理想的大小,它都是孩子心底想要去做的,所以父母要理解孩子的内心需求才能正确地看待孩子。

杨澜在一次采访中被记者问到:作为一位聪明的名人,又成功又这么富有,那么,对孩子有什么期望。杨澜回答说:"我不希望孩子成为什么家什么家的,只要幸福生活就够了,就算是一个工人、护士、图书馆管理员,

我都很开心,只要有这三点:一是孩子身体健康;二是孩子有很多的朋友,能够处理好人际关系;三是孩子能够乐观生活,心理健康,喜欢自己所做的事情。"我想这能够给一味追求成绩的家长一些启发。有一篇精美的英文散文,叫"following your heart",文章写了一个小女孩,十几岁时候树立了一个理想,就是长大了要做一个好母亲。大学毕业后,她同男友结婚了,然后就好好在家培养三个孩子,做专职母亲。等到孩子们一个个成长后,她也老了,她一生没有工作过,只有一个职业:母亲! 她觉得很成功,实现了自己的理想。于是有了这篇文章,叫《跟随你心的召唤》。只要你想做什么,树立了这个理想后,坚持不变一直为理想而努力,就是幸福的。这在中国也是不可思议的,哪有一个小女孩会立志要当一个母亲的,把母亲当做一生的职业,而别人就能够做到,并且很开心,很用心地去做。

①如果说家长不希望孩子幸福是不可能的,但是家长现在只看成绩,用成绩掩盖孩子的其他方面,好像孩子成绩好一切都好。这难免一叶障目了,不关注孩子的身心健康,发展孩子其他方面的天赋与爱好,是非常危险的,也把孩子推向应试教育的深渊。孩子成了家长陈旧观念的牺牲品,成为 21 世纪的科举制度这个封建残余思想的牺牲品,不觉得可悲吗?如果真的希望孩子一辈子幸福,我想不是要求孩子上重点中学、重点大学,孩子就会幸福,而是像杨澜说的那三点。其实,在 21 世纪,我们的孩子基本上不必为了吃饭穿衣而忧愁,何苦一定要孩子长大了上重点大学,找份好工作呢? 应该鼓励他们追求做自己喜欢做的事情,就算孩子胸无大志,想做调酒师,想做小丑,想做一名专职母亲,只要孩子真的喜欢,我们就应该支持! 成绩并不是唯一的,学习基础知识是应该的,但我们不能忘记,要让孩子德智体美劳全面发展,让孩子有爱心、有好奇心、有创新思维、能够和其他人融洽相处、有自己自由发展的许多爱好等。如果大家能够跳出成绩这个圈子,让孩子快乐健康地成长,应该说是"善莫大焉"。说不定这样诺贝尔奖真的就会落户中国了。

我们的家长十分关心孩子,而关心的重点主要在孩子的身体健康和学习成绩两个方面,其中学习成绩排在首位。有一项调查表明,"好好学

习"是家长们嘴边最常说的话。另一项关于影响考试成绩因素的调查研究又表明：排在第 1 位的是考试当时的心理状况；第 2 位的是考试前几天的心理状况；第 3 位是学习方法……记忆力仅仅排在第 17 位。可见，孩子心理健康的状况直接影响孩子的学习，我们在关注孩子身体健康和学习成绩的同时不能忽视对孩子心灵成长的关注。

我们常拿自己的孩子与别人的孩子比，殊不知孩子之间根本的差距在于家庭教育的差距。成绩只是孩子一段时期内的能力体现，并不代表孩子的发展空间和孩子的未来，家长应对孩子的成绩进步持坚信的态度，给孩子一种前进的力量。

在当前的学校教育中，总有一部分学生的考试成绩在班级中处于相对低的水平，也就是通常所指的分数差。孩子经常得到差的分数，是否就意味着孩子以后不可以转化为优等生，或长大后没有前途、没有希望呢？显然不是如此，因此父母有必要全面理性地看待孩子当前的分数。

②作为家长，必须记住并帮助孩子了解：一个分数，不过是有关他们学习进步和质量的一种不十分精确的信息；一个分数，并不会告知很多有关他们真实知识的内容或他们怎样有效地运用他们正在学习的内容。由于我们关心孩子的学习，所以我们才关心分数。一般来说，孩子倾向于把家长对他们在学习质量上的期待，变成他们对自己的期待。如果父母对他们期待过高，超过他们能力所能达到的范围，那么他们就会感到受挫、失望和苦恼；如果父母对他们的期望过低，则会限制他们潜力的发挥。

因此，家长需要仔细琢磨一下对孩子学习质量的期待。通过向他们提供一个可以达到的学习目标，使孩子对自己所取得的成绩感到自豪满意，从而加强自信心。对于分数，要考虑的另一个主要方面，就是如何对它作出反应。当孩子达到或超过了父母认为能够达到的一个学习标准，并且从分数中反映出来时，父母应明智地指出导致这种分数的原因。父母可以总结出能力、努力、计划、钻研、创造性以及良好成绩反映出的其他因素。这就把分数摆到了一个正确的位置上，从而真正反映了学习的本质。

当孩子的分数没有反映出父母认为他们能够达到的学习标准时，父母就应把它当成一种诊断性信息。

低分数给出的信息是：孩子的学习出问题了。它是一次父母给予同情、鼓励和解决问题的机会。其中，父母最先的反应是对孩子表示同情，父母需要共同分担孩子可能产生的失望、挫折或气愤。如果孩子已作出了最大努力，那么，父母对于这种不懈努力的承认——"我知道你尽了最大努力，而这一点是最重要的"，就会维护孩子的尊严和自豪感。这种对待方式，不是一种空洞的老生常谈，它反映了父母具有帮助孩子解决问题以及具有鼓励孩子继续努力的信念。父母需要设法从孩子的当前成绩中找出问题的所在。最好是孩子自己积极寻找并设计出解决的办法。这可给予孩子一种自我决定、负责和付出代价的意识，教会孩子学会怎样自助。如果有必要，可请一位教师来帮助解决这个问题。

（2）正确看待孩子的分数

每个孩子出生后都具有很多的潜力，但由于人们太关注某些东西或者总受社会习俗的影响，把孩子的潜力限制了。在小学时应该让他自由发挥，多给他看点课外书什么的，因为大了再看就几乎影响不到他了，那时侯的他差不多已经定型了，大了可以给他正常的玩的时间。有时候玩也可以玩出他的某些潜力，包括和人的团结能力和人的沟通能力。其实成绩好了并不一定都是好事。其实，有很多成绩好的孩子在考试中都会有心理压力，他们很怕自己的名次有波动，久而久之会影响他们的心理健康。在考试前鼓励他，考试后安慰他，这样他既得到了你的爱，还感受到你是爱他的。教育孩子要对事不对人，孩子做错了或考差了，不应该埋怨他，应该更加鼓励他，这样他就会更有动力学习。现在学生功课越来越繁重，考试压力越来越大。考试的可怕之处是必须在规定时间正确做完老师指定的部分，才能得高分，这是被动的要素。更可怕的是，家长和孩子完全被功课的分数所左右，成为分数的奴隶。功课越重，儿童的自发性越容易被剥夺，像个可怜而任人摆布的木偶，这一点很危险。

父母必须明白,分数的好坏不等于教育的成功或失败。功课并不等同教育,不要以为努力督促子女学习便完成了家庭教育的责任,分数是死板的学习,假若父母不在孩子功课之余加上自己教育,对孩子的教育便不够全面。当然这并非说分数和功课是不重要的,相反,在一定情况下还必须看重分数:

父母要记住:读书是为了孩子的将来,而不是为了炫耀什么。一些接受过高等教育的父母顺理成章地以为子女必须也接受与自己相等的教育才有成就;有些父母以子女考进名校为荣;有些本身无机会受高等教育的父母,望子女成龙心切,希望子女都能青出于蓝胜于蓝,以为只有学习成绩好才能做个出色的人。凡此种种,都是本末倒置的想法,把孩子的实际需要置于不顾,而勉强孩子达到并不符合他们的性格或程度的要求是错误的。

不管有没有功课,最重要的是让孩子养成主动自觉的学习方式,并在小学一、二年级的时候,要努力让他们养成短时间集中学习的习惯。

为了培养孩子这种习惯,不要一开始就督促他努力不懈,或只关心成绩。分数高也罢,分数低也罢,最重要的是找出克服困难的方法。要考虑广泛的动手能力的培养学习。家庭里按理说不应该缺乏动手实践的机会,生活琐事、游戏、家务,都是培养孩子动手能力的大好方式。要活用这些素材,父母应给予各方面的援助。

父母与子女对成绩的感觉通常不一样。有些孩子的看法是"虽然不容易,但总算有 60 分",父母却会认为"60 分连好也算不上,只是及格而已。"子女对于不承认他们努力的双亲,只觉得彼此的距离越来越远。

其实大多数孩子对学习和成绩相当注意,也很努力,他们怕失败,更怕失败所带来的责骂与鄙视。因此,他们会拟订自己的学习计划,也具有竞争和不肯认输的心理,对学习能自我评价,也会考虑学习方法。总之,他们对自己的成绩,会付出努力与责任。

父母应该和孩子的学习态度加以协调,不要只看成绩的高低而强加压迫,不可只注重表面的分数的高低,而应该注意孩子是否以安定的心

情,不怕挫折地推进学习计划,这才是最重要的。

假如父母总以孩子的考试成绩来评定他是否用功,如果达不到标准,便会表现出一脸的不高兴,像法官对待犯人一样对待儿女,假使父母这种扼杀孩子上进心的态度不改变,又怎么令孩子努力读书呢?

聪明的父母都明白,考试只不过是孩子生活中的一种体验。无论成绩优劣,对孩子来说都不过只是一种经验罢了,实在不值得父母大发脾气。聪明的父母要学会科学对待孩子的成绩:

①了解测试目的。考试,实际是检验孩子这学期的学习效果和存在问题。弄清测试目的,才能看出测试反映的问题。比如,有的孩子在偏重于知识记忆的测试中分数高,而在偏重于知识运用的考试中分数可能不高。家长就不能简单地以两次分数高低来判断孩子学习退步或进步,忽略孩子能力发展方面的问题。

②认真分析分数的信度和效度。分数的信度和效度可以简单地理解成分数的真实性,有许多因素会对分数的真实性产生影响。因此,家长在分析分数时,有必要与孩子一起认真分析此次考试孩子本人甚至全班、全校考试的分数真实性。只有对分数的真实性有了深刻的认识,才能依据"修正"以后的分数来分析问题,得出正确的结论。

③善于从分数的分析中发现孩子的进步,并及时给予恰当的表扬,以充分发挥分数的激励功能。当孩子学习成绩进步时,家长的肯定与表扬能使孩子体会成功的喜悦,产生强烈的学习动机;当孩子学习成绩后退时,更需要家长的鼓励与帮助,从孩子的诸多不足中发现孩子的"闪光点",最能体现家长的教育水平,比如:若总分下降,单科分有无上升的?从认知识结构看,有无掌握较好,丢分不多的部分? 即使孩子某次考试一团糟,帮助他的最好办法仍然是以发展的眼光看他,鼓励他克服困难,相信他通过自己的努力,一定能迎头赶上,考出好的分数。那种否定孩子的可塑性,一棍子打死的做法,只会扑灭孩子的希望之火,使其自暴自弃。

④家长要平等地和孩子探讨成绩,可每当面对孩子成绩差或下降,许多家长沉不住气,"不争气"、"没出息"、"枉费了家长的一片苦心",进而

推论出孩子"太笨"、"没有希望",甚至恶语相讥,拳脚相加,伤害孩子的自尊心与自信心。这样,无助于孩子成绩的提高,只能起到相反的作用。只有蹲下身来,平等地、平静地和孩子探讨、交流,孩子才能把自己真实的想法谈出来,这样才能找出孩子的问题所在。和孩子的谈话可以是口头的,也可以是书面的。书面谈话有时更为有效,书面语言比口头语言经过更深入的思考,表达更准确,学生对书面的意见能反复思考,影响更持久,如学生也书面回答家长,就形成了书面对话。书面对话是一种很好的交流形式,在学生和家长不习惯口头交流,或口头交流效果不甚理想的情况下,不妨试试书面交谈。若家长和孩子交流不畅,可能是孩子的问题,也可能是家长的方法问题,家长们必须从效果出发而改进自己的教育方法。

知脾性者莫如家长,了解孩子学习问题的莫如孩子的班主任或老师。所以和老师沟通显得尤为必要。在沟通时,家长既让老师知道孩子会的能力在哪里,也要让老师知道他的弱点在哪里,存在的问题以及对他的希望。这样老师在教育孩子时,可以因材施教,把握尺度。同样,现在家长对孩子的关注度虽然越来越高,但由于工作,他们直接接触孩子的时间并不多,孩子的问题常常是很难发现。而老师就不同,因为与学生相处时间长,能够及时地发现孩子潜在的能力以及存在的问题。在了解孩子存在的问题后,家长和老师可共同商量对孩子下学期具体的教育目标与措施,以便共同有效地促进孩子的发展。

⑤家长科学地分析分数,并能对孩子学习分数的高低采取明智的态度,对孩子的学习有很大的帮助。明智的家长在孩子考试成功时提醒他不要骄傲,不要轻浮,要脚踏实地,一步一个脚印去迎接更艰巨的挑战;而在孩子考试失利时,应先要对孩子予以他最渴望得到的安慰和鼓励,然后帮助他分析失利的原因,树立不怕困难、迎头赶上的勇气。这样,孩子才可能以更优异的成绩来回报关心他、爱护他的父母。

在中国,大多数父母一定都会对孩子的好成绩笑逐颜开,备感欣慰,兴奋之余,也会叮嘱孩子"不要骄傲、再接再厉"之类的话;可如果孩子考

得不理想，或者考得一塌糊涂，我们做父母的又该怎么做呢？这就不是每个家长都能做好的事了。

诚然，中国的教育机制还有它不完善的地方，考试成绩依然是老师和家长衡量一个学生先进与落后的唯一标准。其实这也难怪，对老师来说，作为学生，主要任务就是学习，学习成绩上不去，那怎么能算是一个好学生呢？而对家长来说，早晨，孩子背着书包挥手与你告别，傍晚又背着书包蹦蹦跳跳地回来，孩子到底在学校学了些什么？究竟学得怎么样呢？一张成绩单似乎便能说明所有的问题。所以，当面对一张考砸了的成绩单，家长的着急上火、气急败坏甚至责备打骂等行为便都可以理解了。但是这些行为不但都于事无补，还可能会对孩子造成负面的影响。所以面对孩子的各种考试成绩，家长应该平静面对才是，对孩子期望值不要太过高。

现在的社会，不再是"万般皆下品，唯有读书高"的年代了，应该说是"海阔凭鱼跃，天高任鸟飞"的时代已经来临，知识虽然越来越重要，但能力同时也趋显重要了。许许多多有成就的名人，不一定都是学校教育的成功典范。孩子学习成绩不是太好，并不说明孩子就比别人差；孩子现在的成绩不理想，并不表明他的成绩就会一直不理想。孩子以后的成绩怎么样，有时完全取决于家长的一种心态。

家，应该成为孩子幸福安宁的港湾，而不是一个惩罚站。特别是孩子考试成绩不理想的时候，当懊悔、痛苦正折磨着他们的心灵时，是最需要家长抚慰的。但有的家长在恨铁不成钢之时，却往往失去了应有的理智，也失去了父母应有的慈爱。大发雷霆者有之，谩骂殴打者也有之。这其实只能使事情越来越糟，孩子受到的打击难以言述，从而造成学习热情越来越低。当孩子手捧成绩单向你汇报时，父母要给予孩子应有的鼓励，同时平静地面对孩子的每一张成绩单，与孩子一起分析每次考试成败的原因，进而帮助孩子树立起学习的信心。这样，考试成绩就不再是孩子追逐的唯一目标，让孩子形成一种健康的学习考试心态，从而促进孩子的全面发展。

4
让孩子学会放松

（1）知道孩子紧张的原因

　　人类的智慧和能量是惊人的,但是人们的自我束缚、自我困扰、自我矛盾太多了,所以大多数人不仅无为无能而且烦恼无尽。

　　在妨碍人类潜能发挥的诸多因素中,紧张应该是比较突出的一个。人在放松的状态中,思维是开放而且活跃的,而在紧张中是封闭而僵化的,就好比在台上演讲,放松让人侃侃而谈,而紧张让人结结巴巴。

　　很多时候,我们还是太容易紧张了,这是因为我们从很早就养成了紧张的习惯,每当面对挑战、危险和不确定因素的时候,面对那些在我们心中高高在上的人的时候,面对那些重大的场合的时候,我们总是紧张不已。小时候见到老师的紧张和如今见到领导的紧张是一样的,小学时走进考场的紧张和后来求职面试时的紧张没有什么不同。

　　这些紧张妨碍了我们自我的发挥。其实有什么值得紧张的呢? 只要我们能关注当前的事情而不是外界的环境和事情结果所能带来的影响,我们就不会感到紧张,我们只想着发挥自己,事情就简单了,往往我们在这个时候更出色。

　　所以我们不希望孩子紧张。而暴力的强迫是导致孩子紧张的重要根源之一。粗暴让孩子感到不可抗拒的威胁是我们应该格外注意避免的。

（2）缓解紧张，提高学习效率

孩子和成年人一样，也会有紧张、困惑等心理压力，但他们往往无法找到正确的自我调节方法。一个人要想提高学习效率，最大限度地发挥自己的潜能，必须学会放松自己。当一个人能够最大限度地放松自己，他才能最大限度地聚集生命的能量，从而最大限度地紧张起来，才能从事最艰难的工作和学习。

这些都需要家长的帮助。家长应如何帮助孩子减轻心理压力呢？具体措施是：

①让孩子拥有自己的时间。许多家长让孩子学乐器、学电脑等，占据了孩子大量的课余时间，使孩子感到精神紧张，家长应合理安排孩子的课余生活，让他们有充足的时间独处、做自己喜欢的事情。

②鼓励孩子表达自己的愤怒。没有化解的愤怒是压力潜在的根源，家长要鼓励孩子诉说生气的原因，并让他感觉到父母时刻都在关心他。

③督促孩子参加体育锻炼。孩子通过踢球、骑车、游泳等活动，不仅消除了紧张情绪，还能锻炼遇到突发事件时保持镇静的能力。

④给予孩子音乐熏陶。搜集一些舒缓的古典音乐，最好是每分钟六十拍的音乐，像巴赫、贝多芬、肖邦等人的钢琴曲。在家中播放轻松、舒缓、优美的音乐，可缓解孩子的紧张情绪，并能得到美的熏陶。在椅子上坐好，或躺在床上，一边听古典音乐，一边让自己放松下来。

⑤教给孩子一些放松技巧。在头脑中想象一幅优美的风景画；想象自己曾经去过的风景区，将自己置身于其中；也可以让孩子想象他到了一个轻松快乐的地方，在阳光明媚的室外与小狗戏耍，在美丽的海边漫步，在游乐场游戏……想象越仔细，放松效果越好。此外，慢跑、打球、睡觉、洗热水澡等也能促使精神松弛。

⑥创造欢乐和谐的家庭气氛。父母的关心和爱护，能使孩子顺利度过困境。发现孩子情绪紧张时，找个轻松的地方和孩子坐下来谈一谈。此外，爱抚以及拥抱也是必要的，因为父母与孩子的身体接触有助于孩子放松情绪，建立自信。在孩子处于完全放松状态时，可以用录音机播放事

先录好的外语单词或其他学习材料。

当孩子学会了放松自己的方法时,他就学会了如何使用自己的身体。这样就是从事再艰苦的工作,他也不会失衡。

(3)让孩子能好好放松,迎接高考

在高考来临之际,家长们更要好好帮助孩子缓解大考的压力,让孩子能好好放松,以便迎接考试。压力太大使很多孩子出现头疼的症状,特别是一学习头就疼得厉害,这主要是因心理紧张引起的。

①当孩子觉得学习有压力,想放弃学习或是感到自己达不到家长的要求时,就会表现出身体的不适,这样就为不学习找到了充分的理由,家长也会因此原谅孩子。当孩子处在这种状态时,家长就要给孩子减压,不要和孩子谈论考试的话题,降低对孩子报考学校的期望,让孩子做到心里有底,这反而会让孩子发挥得更好。

②饮食方面不要改变太大。这没有多大必要,以居民的营养水平来说,现在人们的饮食结构是完全符合营养要求的,因此,没有必要再增加了。而且如果家里的饭菜口味突然变了,会让孩子感到家长是因为自己要考试而改变饮食的,父母为自己省吃俭用,自己要是考不好,多对不起家长呀,这就无形中增加了孩子的压力。孩子想吃什么,家长尽量满足就是了,可多吃一些蛋白质丰富的食品,做到营养均衡,让孩子有充沛的体力学习。

③对孩子不要管束太严,在近两个月的时间内,即使发现孩子学习上有松懈,也尽量不要管孩子。孩子在心理上不可能一点压力也没有,有一段学习的低迷期也是很正常的现象。如果你在这时说孩子怎么样不对,更容易使孩子产生逆反心理。家长可以做到表面正常,但从内心上关心,让孩子自己调解到正常的学习状态中来。另外,有些孩子喜欢看电视,家长也不要干涉,让孩子高高兴兴地看一会儿,然后再去学习,免得孩子学也学不好,电视也看不好。

④不要将疾病对号入座,很多家长都打来热线反映,孩子现在情绪不是很稳定,经常从其他地方找来一些介绍疾病的书籍、报纸看,然后对号

入座,自认为得了忧虑症、自闭症、烦躁症等,家长说什么孩子也听不进去。其实疾病的判定标准是十分严格的,是要经过专业医生在一系列的检查后才可能判定的,单纯靠个人判断就断定自己患病是不正确的。

⑤要让孩子学会放松。最常用的放松方式就是深深地吸一口气,然后憋着,直到憋不住时再呼出,反复几次,就会减轻紧张的情绪。如果仍然缓解不了情绪,就要到医院作专门的心理指导。另外,让孩子放松对自己的要求,不要总是要求自己不犯错误,或一定要考得最好,这都是不现实的,只要做到正常发挥就可以了。平时也要让孩子学会放松,但是要掌握好尺度,过松、过紧都不好。

在成长中的中学生,学习压力比较大,难免产生紧张烦躁的情绪。如果长期下去,会使人生理和心理都失去平衡,很多人整天生活在紧张烦躁的情绪之中,很难让他能够放松下来,而当有艰巨的工作要做,需要他紧张起来时,他又集中不起精神来,表现为拖拉、疲惫,效率极低。

5
引导孩子善于提出问题

（1）意识到提问的重要性

自从素质教育观念深入人心以后，广大父母已经开始认识到，现代好孩子的标准不应该是只会学习书本知识的听话的孩子，而是敢于质疑、善于提问、具有创新意识的孩子。可是不少父母反映，自己的孩子在家里不爱提问，在课堂上更是"金口难开"，真是急煞一颗父母心。爱不爱提问表现在嘴巴愿意不愿意说出来，可内在的功夫体现出孩子是否有一个勤于思考、敢于表达的头脑。鼓励孩子提问固然与学校教育体制以及教师的观念和素质有关，同时家庭教育也是可以有所作为的。

当孩子离开妈妈的怀抱，开始迈出他人生第一步的时候，往往也开始学说话了。有意思的是，在孩子最先使用的"语言"中，就已有了代表探索和表示新奇的词，比如，他会指着任何对他来说是新奇有趣的东西，急切地发出嗯嗯啊啊的声音，这声音就好比是不久后他将使用的，并且使用频率颇高的"这是什么"。是啊，在孩子的眼中，世界真是太奇妙了。随时随地都会有"新大陆"被发现，他们的小脑袋中当然要充满一个又一个问号了。随着孩子的成长，他们的提问将会更细，常常要刨根问底，不搞清楚誓不罢休。身边有一个几岁的孩子，当父母的不知要被"逼迫"着学多少东西。

所以年轻的父母要善于引导孩子提问:

愿意思考、喜欢探索是孩子的一种天性。每个健康的宝宝都会这么做的。但是,有些孩子渐渐地对事物探索的兴趣减少了,到了上学的年龄,他们不爱学习,马马虎虎,这又是为什么呢? 究其原因,恐怕同父母对孩子早期的提问采用错误的应答方式有关。

①有些父母由于工作、家务太忙。感到精力疲乏,当孩子不停地问这问那时,就常用不耐烦的口吻对孩子说:"别烦妈妈(爸爸)了,自己玩一会儿。我忙着呐!"孩子的积极性受挫,久而久之,就不再喜欢提问了。

②有些父母认为,孩子小,没必要告诉他那么多、那么细,告诉他也不懂,往往三言两语打发了孩子,或用糊弄的态度支吾过去。孩子虽然尚不懂事,但他们也能从父母的态度上感觉到妈妈和爸爸对他的做法是否赞同。父母总是敷衍,孩子的热情自会日益减少。

③也有些父母认为,孩子的提问不好回答或自己也不知道答案,便编一个谎话欺骗孩子。但孩子对于父母的话总是很信服的,他会将答案当成真理。父母要认识到,孩子的大脑好比一张白纸,正确的事物会在上面留下痕迹,错误的事物也会在上面染上印迹。所以,当孩子提问时,我们应持鼓励的态度,回答时要尽可能地简明、准确、浅显易懂。3 岁前的宝宝,对事物往往是从具体的、自身的、直观的角度来认识和理解的。因此,要想给宝宝讲清一个问题,回答时就要从这些范围进行。比如,宝宝看到一块冰,放在屋里,一会儿没有了,便会产生疑问。家长不妨给他作一个小试验:从冰盒中取出一块冰,在炉上加温,一会儿,冰化成了水;告诉他,从冷到热,冰就化了,随着水温继续升高,一会儿水开了,让孩子看水蒸汽;再过一会儿,水蒸发干了,告诉孩子水变成了蒸汽飞跑了,孩子就会明白为什么了。

孩子常常会提问的还有钟表没有腿,它怎么会走呀? 于是,有些孩子为了看个究竟,便将钟表弄坏了。此时,当父母的切不可认为孩子是在破坏而打骂斥责他,在让孩子知道钟表的基本工作原理的同时还应告诉孩子,搞坏东西是不对的。

在孩子打破砂锅问到底时，如果父母真的很忙，可以告诉孩子，妈妈（爸爸）现在很忙，等会儿告诉你。如果父母被"考"倒了，最好是翻翻书，寻找答案。对于一时解释不清的问题，也不要羞于告诉孩子不知道，可以就这个问题和孩子一起去问别人或查阅书籍，孩子大一些以后，自然就会养成查书的好习惯。

提问是孩子求知欲的表现形式。在生活中，父母不仅要认真地回答孩子的提问，还要适当地启发孩子提问，也可对孩子的问题进行深一步的发问，以引导孩子思考，使其掌握学习方法。当孩子在你的诱导下自己得出答案后，他会高兴得又叫又蹦，在欢快兴奋的同时，他也有了自信心，有了成就感。这自信心将伴他长大成人，伴他一生。

所以平时父母要利用一切机会和孩子交谈，通过交谈来激发孩子的思考。在和孩子交谈时，要尽量谈一些有利于孩子独立思考的问题，而不是代替孩子去思考。当孩子碰到问题时，父母可为他提一些具体建议，启发孩子动脑筋想办法。

另外，孩子喜欢做游戏，父母可以引导孩子进行各种创造性的智力游戏，例如用积木搭出各种形状的东西，让孩子猜是什么东西；和孩子一起编谜语。比如有一位妈妈要她的孩子用"手"组词、造句，经过讨论后，结果编出了许多有关手的语句，如手会画画、手会为客人倒茶、手会拍球、手会洗手绢等，孩子觉得很有趣，思维一下子活跃了起来。

应该承认，每个孩子都有创造的潜能。那么，为什么有的长大成人后有创造力，有的却没有创造力呢？这主要和父母及老师的教育有关。你培养了孩子的创造力，他的潜力就会被激活；你不培养他的创造力，孩子的创造性思维就会萎缩。其实，每个孩子都能成为天才，所以做父母的要加油啊。

（2）怎样引导孩子提问

敢于提出问题，可以说是与生俱来的天然禀赋，是人生下来能够适应各种环境的本能体现。它与人的智力水平相关不大，而更多地与文化习惯、与教育影响相联系。如苏霍姆林斯基所说："人的内心有一种根深蒂

固的需要——总感到自己是一个发现者、研究者、探索者,在儿童的精神世界中这种需要特别强烈。"鲁迅先生也这样认为:"孩子是可以敬服的,他常常想到星月以上的境界,想到地面下面的情形、想到花卉的用处、想到昆虫的语言;他想飞向天空;他想踏入蚁穴。"可见,想象和提出问题是孩子的天性,但经我们的培养,这方面能力非但没提高,反而日渐萎缩。

相信大家都知道,孩子从学会说话起,就经常提出问题:"这是什么""那是什么"。当得到这个问题答案后,又会产生新问题:"为什么?"当这些孩子上学后,随着年龄的增长,愿意提出问题或能提出问题的人数越来越少,出现了年级越高、知识量越多、越不愿提出问题的现象。下面两个事例就反映了这种现象:用"在黑板上画一个圆,请想象一下这个圆可能是什么?"的问题,分别问幼儿园的小朋友及在校的大学生,两分钟内小朋友答出了 22 个答案,而大学生却无一人回答。无奈之下请出了班长,班长慢吞吞地站起,迟疑地回答"这大概是个零吧?"国内的高才生在美国读研,按国内的学习方式认真记笔记、对笔记、背笔记,考试能准确无误地答出老师讲过的所有问题却得不了 A 等。于是,他便理直气壮地问老师为什么不给 A 等? 老师回答:"你答出了我讲过的所有问题不错,可这些我都已经讲过啦,我讲过了,你还说它干什么呢? 我讲过的几点,那是我思考的,是已有的几种可能性或解决问题的几种方法。我讲课的目的,在于启发大家通过我讲的几点,形成你们自己的思考,得到你们自己的答案。"这些事实不能不引起我们的思考:同样是中国人,为什么在没有接受教育之前愿意提出问题,而受了多年教育的高才生却无问题可问可答呢,或只会答其所学,不会再发挥,更不用说提出问题。从有关资料获悉:只有 2% 的成人真正具有创造力,10% 的 7 岁儿童具有创造力,90% 的 5 岁儿童具有创造力。所有这些事实无不证明:愿意提出问题与生俱来,但能否保持这种愿望,敢不敢、能不能提出问题,与教育影响有直接关系。

孩子喜欢提问,这是渴求知识,是思维活跃的表现。孩子接二连三地向成人提出"为什么"的问题,这就是说孩子智力需要发展,大人是精心哺育,还是堵住他的口,不要他多嘴呢?

对孩子提出的每一个"为什么",成人都要认真对待,切不可嫌烦而不予理睬,相反还要引导他们多问几个"为什么"和"怎么办"的问题。可是,由于自然现像和社会现像的范围很广,有些知识很深,不是孩子所能够理解的。这样,往往就出现"孩子提问,大人回答不了"的情况。这时,大人应该怎么办?

我们应当明确,热心地启发和回答孩子的提问,目的是为了开发孩子的智力,激励孩子的好奇心和求知欲。成人不必全部包办代替地回答孩子提出的所有问题,应尽可能地引导孩子通过自己的观察和思考找出答案,让孩子经过分析、比较,了解事物间的联系,通过对多种现像进行综合推理,作出判断。这就不是仅仅"喂给"知识,而是培养和发展孩子的思维能力。对于成人自己确实不了解的知识,切忌胡乱搪塞,或简单回绝"等你长大就知道了",而应利用这些疑问,指引寻求答案的门径,把孩子引导到学习的渴望上来。例如"火箭为什么能上天"、"信鸽为什么能飞行万里不迷方向"等问题,就可指点孩子学好物理、生物各种功课,把疑问转变为学习的动力。

为了满足孩子的好奇心和求知欲,父母应该根据孩子的年龄和心理特点,由易到难,由近及远,有步骤地引导孩子提问题,如开始阶段应选取孩子周围的、简单的、具体的事物让他们认识,然后再扩大认识,由简单到复杂,逐步深化。

①对于幼儿,最初可引导他们了解以下十个方面的知识。

●季节变化。利用每个季节最显著、最主要的特征,使孩子认识四季变化的自然现像。

●认识常见的动植物,如经常看到的花草树木,常吃的蔬菜、瓜果和粮食;以及常见家禽、家畜、鸟鱼虫兽等,使孩子不仅知道它们的名称、外形特征,而且知道它们的习性以及与人们的关系。

●了解有关天文、气象和地理方面的粗浅知识,这往往是孩子们最感兴趣的知识。

●介绍有关声、光、电的粗浅知识以及科技方面的一些新成就。例

如,什么东西会发光? 声音是怎样发生的? 电有什么用途? 电视、电话是怎么回事? 等等。

● 让孩子懂得一些卫生常识,使他们从小养成讲卫生的习惯。

● 让孩子认识家庭、亲属成员之间的辈分关系;认识周围邻居,懂得与小伙伴们和睦相处,对长辈有礼貌等。

● 通过游览名胜古迹,看图书、画片来认识祖国大好河山,结合故事激发孩子的爱国情感。

● 通过日常生活,认识各种生活用品。

● 认识各种交通工具,包括通过电视、画报等认识火箭、卫星、飞船等。

● 利用重大节日介绍各种节日的来历,讲有关故事,对孩子进行理想和爱国主义教育。

②早在孩子学说话的同时,父母就应当有目的在日常生活中引导孩子提问。关于引导提问,解答提问的一些方法和步骤。

● 引导孩子留意日常生活中接触到的事情,必须是好玩、有趣。随着孩子年龄的增长,逐渐扩大留意事物的范围,让孩子做到眼中有物,心中有想。在现实生活中我们经常看到,有些孩子喜欢注意身边发生的事情,学会观察,学会思考,而后学会提问。而有些孩子却视而不见,觉得和自己没有多大关系。对身边的事情表现得比较漠然。这些,并不是孩子的过错,而是在他们 3 岁之前,父母没有培养起他们喜欢观察、喜欢提问、喜欢思考的这种行为习惯。想让孩子求知欲旺盛、思维活跃,先从留意身边的事物开始吧。其实事物有这样一个发展顺序:留意转化为注意,注意发展了观察,观察引导思考,思考成就为好奇,好奇进展为提问,提问表现出旺盛的求知欲、思维的活跃。

● 生活中父母应引导孩子就地取材,抓住特定的情景随机教学。如果在 1~3 岁之间,父母有意识地经常和孩子讨论、分析,观察身边发生的事情,引发孩子思考、总结、提问,那么孩子就会养成这种行为习惯,是一种水到渠成的结果。

● 对于两三岁孩子的提问，您的答案不能超过三句话，能一句话说清楚最好，要简练，鲜明。

● 要用孩子的语言，避免抽象的科学术语，只要方向正确。

● 把保护和激发孩子的兴趣永远放在第一位。把解答的规范性放在最后，只要大的方向正确。

● 随着孩子年龄的增长，逐步搭入一点生活中的科普赏识，但也必需在你听得懂的范围内，或者是你能随时提问的范围。

● 有了上面的基础，才能逐步走进科普的"十万个为什么"。

好问是孩子们力求认识新事物的一种积极表现。由于他们的视觉、听觉和触觉等器官逐步发育，与周围环境的接触越来越复杂，渴求认识新事物的欲望也随之增长。他们通过提"问"来得到成年人的帮助，来充实自己的想象和思维，满足自己的兴趣和愿望。产生疑问，能促使儿童去解决提出的问题，这就是在学习。国外有些专家认为，儿童智力发展的水平，就是他提问题的水平。因此，作为父母和老师，要珍惜孩子的这种积极性和主动精神，耐心回答孩子们的提问，千万不要用责备的口气、粗暴的态度制止他们，否则，会伤害孩子渴求知识的心灵。

回答孩子的提问，最好多用具体事例，从孩子的直接观察和与他的经验相联系的事物出发，由浅入深地讲解，使孩子易于接受。回答提问时，不仅要告诉孩子是什么，还要告诉他们为什么，以启发他们的思维，组织他们的注意力，通过理解能更好地使孩子感受并记住必要的知识。对一些难以理解的抽象问题，可以告诉孩子"你现在还小，等长大后，好好学习，这些问题自然会明白。"孩子学习的欲望和积极性，可以由此得到鼓舞。如果孩子提出的问题家长和老师一时回答不了，则应如实地告诉孩子："这个问题我现在还不懂，等我看看书，明白以后再回答你好吗?"这样，可以使孩子看到大人对待知识的严肃态度，也能使孩子从小知道学无止境的道理。切忌对不懂的问题随口瞎说，给孩子留下错误的概念。

鼓励提"为什么"是智力教育的一种重要方法，年轻的父母，请允许你们的孩子多多提问吧!

6
鼓励孩子全面发展

（1）早期发展应做到理想发展

在早期发展中要强调四个字：理想发展。理想发展是指群体普通儿童理想发展，主要包括五个方面：全面、和谐、高质量、可持续、多选择。专家们对这五个方面作了阐释。

"全面是在早期教育中要注意多方面发展，今天中小学生那种明显的两极分化，很大程度上是家长在婴幼儿时期教育上强调特长而忽略全面造成的。和谐是一种均衡，高质量是每个面都要发展，如果每个面都发展得不好，就不是高质量。早期教育的可持续问题就和经济发展一样，今天的这种教育是否能为他（她）未来的发展打好一个基础，非常关键。"在给婴幼儿选择运动项目时之所以选了轮滑，就可以解释"可持续"三个字。因为轮滑不仅对孩子平衡能力、手脑反应等有明显的锻炼作用，而且可以为他们将来进行滑冰、滑雪甚至冰球等运动打下一个好基础。

"多选择，对于儿童来讲，就是不能一下子把他（她）局限化，应把他（她）塑造成像钻石一样，有不同的切面，闪烁不同的光芒，要给孩子未来发展以更多的'接口'"。

早期发展是全面发展对偏好发展的关键期，一旦偏好发展形成以后就成为优势发展。相比较而言，全面的脑的发展是未来特长或特色的发

展的基础。特长或特色发展是不可避免的，因为任何两个家庭的环境差异是必然存在的。我们希望尽可能平衡它，使之和谐发展，和谐不代表均等，而是结构上的和谐。

没有人反对学钢琴、学外语以及学习任何被定义为特长的东西，但是，如果能放在全面发展的这样一个大环境中去安排所学种种的权重，才可能使结构趋于合理，而这个孩子才可能得到理想的发展。

2002 年 3 月，国家体育总局和教育部公布了 1998～2000 年国民体质监测状况：3 年间中国人身高平均降低 3 厘米，体重平均增加 1～3 千克，被列入世界肥胖发病率排行榜。全国政协委员冯理达对此进行了长期调研后，忧心忡忡地说："中国人体能状况下降，普遍存在着血压升高、肺活量下降的问题。这直接导致了恶性肿瘤、脑血管病、心脏病、呼吸系统疾病，威胁人们的健康。"她呼吁青少年要重视自身健康状况，加强体育锻炼，增强体质。

2000 年，武汉市对 7～18 岁的少年儿童健康状况抽样调查表明：随着生活水平提高，营养摄入较过去丰富，青少年体格（身高、体重、胸围）发育良好，但体能状况不尽如人意。调查中分别就立定跳远、屈膝仰卧起坐、60 米冲刺等项目做体能测验，结果发现孩子们身体的敏捷性、协调性、耐力都不够好，尤其是腿部肌肉耐力发展不佳，小学三年级前的孩子双腿耐力的发展，竟然处于停滞状态。

杭州某中学为全校同学体检，发现体能不佳的同学比比皆是，验血时竟有不少同学头晕昏倒。校长感触地说："现在的孩子弱不禁风，外出远足，没走几步就喊累，想找地方休息；稍微爬一下楼梯便上气不接下气；夏天到户外没几分钟，就热得受不了，要回空调房间。由于缺乏运动，一些孩子体内废物不能通过新陈代谢排出，他们学习时也更容易出现焦躁、倦怠状态。"

体育锻炼，除了能增强身体防御机能，对孩子的大脑、神经、骨骼、智力、人际、情绪，以及人格发展，都有显著的影响。父母为孩子制订学习计划时，别忘了在成长一栏里，添上运动计划，让孩子在充满健康的环境中

起跑。

而现在体能是孩子全面发展的重要素质。健康是 1，学业、前程、财富……都是 0，当孩子拥有健康时，他可能拥有 10、100、1000 甚至更多，如果失去 1，拥有的 0 再多，仍然一无所有。

什么是体能？

①简单来讲，体能是人类从事活动所需要的身体能力。

②美国白宫体能委员会将体能清楚地定义为：人在工作时表现积极、愉快而不感疲乏，同时还有余力去从事个人所喜好的休闲活动，以及能应付突发事件的能力。

③德国学者拉逊认为，体能应由下列因素组成：对疾病的抵抗能力、肌力及肌耐力、心脏循环性耐力、动力和速度、柔软性和敏捷性、协调性、平衡性和正确性。

上列因素都可作为衡量孩子体能状况的依据。假如您的孩子经常生病，或没走几步就喊脚酸，学习状态不佳（易焦躁、倦怠，注意力不容易集中），做事懒洋洋没精神，那么您孩子的体能状况就属不佳。

运动会引起身体机能的深刻变化，过少的运动量对身体机能无刺激作用，超负荷运动又会对身体造成损害。家长既要警惕超负荷运动，伤害孩子身体或使孩子失去锻炼的信心，又要提供合适的运动负荷，帮助孩子对自己承受负荷的能力建立信心。因此，要教育孩子明确锻炼的目的和意义，讲究锻炼的科学性和趣味性，以便在锻炼中调节好自己的情绪。告诉孩子要注重身体的全面锻炼，不但注意身体各部位的协调发展，也要同时提高力量、速度、耐力、柔韧、灵敏、平衡等各项身体素质；既获得跑、跳、投掷、攀登和游泳等实用技能，也培养果断、机敏、勤奋、吃苦耐劳、大胆沉着的意志品质。家长还应帮孩子懂得音乐，优美乐曲的伴奏，能消除运动带来的疲劳；棋类也能提高锻炼效果，棋类活动是一项比智力、比体力、比技巧、比意志、比作风的全面竞技体育运动项目，列宁曾形象地把它比喻为"智慧的体操"，它同样具有增强体能的作用。

世界卫生组织将健康定义为：健康，是身体上、精神上和社会上的良

好状态的总称。运动不仅能增强孩子的体能,更给予孩子生命的关怀。春天是万物生长最旺盛的季节,儿童时期是人生的春天,家长关注孩子的体能发展,培养孩子的运动能力,便能为他们的健康助一臂之力。

(2)怎样培养孩子

在孩子的家庭教育中,不同的教育方式会带给孩子不同的影响。而目前最民主的教养方式当属权威型教养。作为父母,应该对孩子理解和尊重,经常与孩子交流并给予帮助,以积极肯定的态度对待孩子,及时热情的对孩子的需要、行为作出反应,尊重并鼓励孩子表达自己的意见和观点。这样可以培养孩子的独立性,增强孩子自我控制和解决问题的能力等等。

①该如何培养孩子呢?

●给孩子树立恰当的目标,使他有获得成功的机会,能够体验到成功后的喜悦。

心理学研究证明:成功的行动,容易使人产生积极上进的情绪,而失败的行动容易使人产生消极退缩的情绪。作为父母千万不能急于求成,对孩子要求过高,而要为他制定恰当的学习目标,让他通过一段时间的努力能够实现目标,获得成功的快乐。学习上成功的喜悦之情是孩子渴望学习、战胜困难的动力源泉。

●家长要做到心态平和,不要把分数看成是评价孩子学习成绩的唯一标准。

作为家长应看到,学习、分数只是孩子生活的一部分,有的孩子虽然在学习成绩方面比较差,但是,在其他方面却不一定差。当他们在文体活动、实践活动、集体活动以及小制作和小实验中做出成绩时,他们会感到"我在这方面比别人强",同样会产生成功感。家长不能因为孩子学习成绩落后,而把孩子看成一无是处,整天训斥,或仅以分数这把尺子衡量孩子的优劣。家长应该善于发现孩子的闪光之处,及时鼓励,看重孩子的全面发展、综合素质的提高。

●努力改变孩子单一的学习动机,尽量减少单一学习动机给学生带

来的烦恼与痛苦。

现实生活中，由于片面追求分数，片面追求升学率的现象较为普遍，甚至渗透到每个家庭、每个学校、每个孩子身上，好像孩子的生活目的仅仅是为了重点中学和考上大学。这种单一的学习动机使孩子每天担惊受怕，提心吊胆，怕自己的成绩降下来，怕自己的名次排到后面，怕考不上大学，怕家长抱怨……因而造成孩子沉重的精神负担。

提高孩子的学习成绩固然重要，但我们更应该为孩子一生的幸福着想，我们更应该注意培养孩子健全的人格，在孩子的生活理想、志向水平、未来责任、学习态度、学习兴趣和学习习惯上下工夫。这样不仅可以使孩子在眼前的学习上获得成功，而且是在为将来获得人生的更大成功做准备。这样孩子就会从"为了分数、为了升学"的单一学习动机中解脱出来，不再为一次考不好而受到精神上的折磨，他们就会站得高一些，看得远一些，不会因为暂时的失败而沮丧。

注重孩子的全面成长。孩子的成人成才是一项长远的工程，作为家长应该不能只把目光停滞在学习成绩或者小功近利上，应该从孩子健康成长、全面发展的角度实施教育。孩子是父母的希望，同样也是建设未来的栋梁。因此，父母在鼓励孩子全面学习知识的同时，更要重视孩子健康的道德情操、良好品质和高尚人格的塑造与培养，这样才能使孩子将来走向社会时更有作为。让孩子全面成长是每一个家长必须要承担的责任，是每一个家庭必须要完成好的事业。

②良好的家庭教育促进孩子全面成长。

● 营造良好的家庭氛围。

一个和谐的家庭，对孩子的健康成长很有帮助。尤其是幼儿父母能够互敬互爱、生活协调，不仅有利于个性的陶冶，而且由于父母能够相互支持配合，对幼儿教育会事半功倍。反之，紧张的家庭关系，不仅直接影响孩子的心理健康，心理不健康，更会对子女教育造成不良后果。

● 理解和尊重孩子。

理解和尊重，是沟通家长与子女情感的桥梁，也是实施家庭教育的前

提和基础,家长应以平等的态度去理解孩子,把孩子看成是一个有着独立思想和自己平等的人。在家庭生活中,遇事要多商量,要和孩子一起讨论,鼓励幼儿发表自己的看法,并尽可能吸收他们的意见。这样对孩子的健康成长是非常重要的。值得注意的是,尊重孩子不是放任孩子,孩子毕竟是孩子,需要引导,需要教育。

● 帮助孩子树立信心。

幼儿期的孩子还没有形成一种内在的力量来推动他们坚持一些需要克服困难的活动。这时的家庭教育应为孩子设立一些外在的因素,如鼓励和表扬,得到鼓励的孩子往往在做事的时候会提高工作效率或增强战胜困难的勇气。幼儿期的孩子本来就是自信心不足,当他的行为得到父母的表扬时,自信心就会得到增强,而当得到父母批评时,自信心就会下降。

● 因材施教促进孩子健康成长。

人们常说:人和人是不一样的。可是,在教育孩子上,却很少考虑到人和人真的是不一样的。当家长一味地强调自己的孩子跟上别的孩子的脚步,并且向最好的孩子看齐时,并没有考虑到自己的孩子和别人的孩子肯定是不一样的。为了取得教育的最佳效果,要对孩子进行因材施教。家长在了解孩子的性格特点、情绪特点、兴趣爱好等的基础上,结合孩子自身优势在教育方法上要有特色。孩子在哪方面有兴趣爱好与特长,就让孩子在哪方面好好发展。

● 父母应成为孩子的楷模。

孩子喜欢模仿别人的动作行为,孩子很多行为习惯的养成,性格的发展几乎都来源于模仿学习。大教育家孔子曾经说过:"其身正,不令而行;其身不正,虽令不从。"作为孩子的第一任教师——父母,不仅是孩子的偶像,也是孩子模仿和学习的榜样。从一定意义上讲,父母是孩子的镜子,孩子是父母的影子。所以希望孩子好,自己先要起到模范作用。父母的日常言行,对孩子的人格有很强的说服力。如果家长思想修养高,作风民主,孩子就容易养成独立、直爽、开朗、协作、善于交际等良好的性格特征。

如果家长专制严厉,思想陈旧,趣味低级,孩子就容易养成顺从、消极、依赖、固执、冷酷、残忍等不良性格特征。

现在越来越多的家长开始重视早期教育,但是对于早期教育到底是什么内容,或者该怎么做许多人并不清晰。家长往往是让孩子去学某一样或几样技能,比如学钢琴、学舞蹈、学英语等,这也成为现在社会上一些特长幼儿园受到追捧的原因之一。但这种对早期特长发展的重视超越基础发展教育的做法是否适合孩子们的发展要求呢?

不少家长在孩子早期教育方面,往往更善于推动发展孩子已经感兴趣的东西,而忽视孩子不感兴趣的东西,但这样做对孩子未来的成长并不利。

注意到孩子全面发展的家长一般都是这样做:在一天的时间分配上,比如弹钢琴、做会儿游戏、洗个小手绢、搭个积木,多种活动都做了,并且对每种活动都有一定的目标要求,对孩子的手脑功能等多方面都进行了锻炼,这样的做法会促进孩子全面发展;而特长发展,则是每天只对弹钢琴或学外语这一两项规定具体的学习时间,这样会带来这方面的优势发展但同时会导致忽略其他方面而带来的劣势发展。

第十章

做孩子亲密无间的伙伴

1
把孩子当做朋友

孩子说："我们心灵的围墙有二十英尺,而成人的阶梯却只有十英尺,他们永远都无法走进我们的内心世界。"走进孩子的心灵,了解他们的世界是每个家长的渴望,打造成功的家庭教育是每个家长的梦想。所以,只有真正走进了孩子的世界,才能促进家长与孩子共同成长。

孩子从婴儿到孩童的成长进程中,他的心理发育经历着一个从依附到独立自主的过程。婴幼儿时期,孩子完全依附于父母,随着年龄的增长,生活能力逐渐增强,依附逐渐被自主代替,直至青春期表现出的独立意识、自我意识和成人感等。从上述不同阶段孩子的心理变化来看,少儿时期需要父母的呵护,青少年时期则更需要友谊。所以,父母与孩子之间应多一点民主、多一点平等、多一点友谊,理智地使家庭成为孩子发表看法的讲台,以健康向上的行为和温馨的情感来感染孩子。这样可以使家庭气氛更和谐、更温暖,两代人的思想更容易沟通。只有思想沟通了,才能有的放矢地进行教育和引导,才能掌握家庭教育的主动权。

在孩子面前,父母不要高高在上,要俯下身做孩子的朋友,培养孩子的兴趣。记得鲁迅说:"无情未必真豪杰,怜子如何不丈夫。"善于观察,做孩子的朋友,可以使父母更快地了解孩子的需要;通过观察孩子的需要,可以使父母更快地掌握正确的教养方法;并努力使孩子们具有一生受益

的品质,使他们有一个快乐、难忘的童年。要善于观察孩子,观察我们周围共同的环境,以便与孩子达成共识。而且由于孩子对周围一切的变化更敏感、更好奇,所以父母还必须具有童心,才能更好地引导孩子去观察,去认识事物,和他们交上朋友。

在你心里你的孩子可能永远长不大,但是很多孩子在 15 岁或更早的时候就愿意把自己当做大人来看待。这时家长完全可以用成人的谈话方式和孩子讨论问题,而不再是完全的"家长"作风。把孩子当做朋友,当他认为和你聊天没有"被惩罚的威胁"时,他才会无所不谈。

2
和孩子一起阅读

爸爸和小慈一起看电影《纳尼亚传奇》，小慈着了迷，爸爸说："你知道吗，这是根据一套童话故事书改编的。"

"我能拥有一套吗？"

"当然。"

第二天，爸爸买回了一套《纳尼亚传奇》，小慈急着要看，爸爸说："等吃完了晚饭咱们一起看好吗？"

"爸爸，你也喜欢看童话故事吗？"

"是啊，你不是说咱俩是好朋友吗？你不介意跟爸爸分享吧。"

"当然不介意！"

吃完饭，两父女一起趴在地板上开始看起书来。书里有漂亮的插画，图文并茂，精彩极了。

"爸，你说阿斯兰真有这么大的力量吗？"

"是呀！女儿，阿斯兰可是正义的化身。你喜欢阿斯兰吗？"

"喜欢极了，如果我也有一个阿斯兰就好了。不过我更羡慕那四个孩子，他们可以做国王和女王。"

"不错，那感觉真是太美妙了，爸爸也很羡慕他们。"

"阿斯兰是他们的保护神。"

"没错。"

"白妖婆追赶他们的时候也是阿斯兰在身边鼓励他们。"

"嗯,说说看。"

"白妖婆看到阿斯兰的时候怕极了,阿斯兰怒吼的样子一定很威风。"

爸爸从地板上爬起来,学着狮子的样子吼叫了一声,逗得女儿咯咯地笑了。

"爸,你当我的阿斯兰吧。"

"好的,女儿,跟你一起读书真开心,因为你的讲述真棒。"爸爸搂住女儿,父女俩又沉浸到他们的阅读世界里去了。

案例分析：

和孩子一起看书时说什么？怎样才能有效地指导孩子？其核心是要让孩子成为讲述的主角,而成人则是孩子的听众、交谈的伙伴和老师。成人通过提问等各种方法扩展孩子的言语表达能力,鼓励孩子表达他在自己阅读的时候不会表达的东西,并肯定孩子为讲故事所付出的努力。在这个过程里,父母和孩子都会得到极大的欢愉,而孩子将会对阅读更加感兴趣。

3
在游戏中做"最佳拍档"

周日,爸爸和小哲一起玩模型组装的游戏。玩具很大,零部件很多,一时让人摸不着头脑。爸爸说:"儿子,你觉得怎么办? 要看说明书装吗?"

小哲一口否定:"当然不了,那多没意思。"

"好吧,"爸爸说,"我也同意,那我们分工合作怎么样?"

"好。"

两人分配了不同的工作后,有商有量地开始了。爸爸不时停下来看着儿子的进度,并称赞他装得又好又快。

儿子挺得意,就有些粗心起来,一个地方明显地装错了。

爸爸说:"儿子,这里好像装错了。"

小哲看了看,固执地说:"没错,就是这样的。"

爸爸耸耸肩,没再说什么。小哲继续往下装,动作忽然停住了。

爸爸问:"怎么了?"

小哲小声说:"爸爸,你说得对,我真的装错了,我耽误了我们的工程进度。"

爸爸拍拍儿子的肩:"没事,合作伙伴除了分享成功之外,还应该分担合作过程中的错误。"

小哲露出笑脸:"你真的这么想?"

爸爸点点头。小哲又有劲了,两个人重新分配了工作,不一会儿,一部漂亮的模型组装好了。看着两个人共同打造的作品,小哲欢叫着跳起来,跟爸爸击了一下掌:"我们是最佳拍档!"

案例分析:

跟孩子一起游戏时不妨选择一些大型的玩具。大型玩具有助于父母同孩子间的合作。在共同合作中,帮助孩子去发现别人的优点和贡献,并让孩子喜欢别人的优点,感谢别人所作出的贡献。孩子在分工合作的过程里将会明白一个道理:快乐并不会因为多一个人分享而减少。恰恰相反,他会喜欢上这样的合作关系,因为有伙伴在身边的感觉远比一个人孤单地游戏要好得多。还有就是,道歉和勇于承担责任是合作的催化剂。如果孩子在活动中出了错,应鼓励他承认并道歉。父母应当对孩子的勇气表示欣赏。

4
和孩子"心理换位"

小彩和好朋友春春闹了点矛盾,两个人一直没有和好。失去了原本形影不离的好伙伴,小彩显得又孤单又失落。

女儿不开心的样子让妈妈看在眼里,妈妈又心疼又着急。怎么让两个好朋友和好呢?妈妈想。想着想着,忍不住把自己放到女儿的位置上,想到如果和自己最好的朋友发生了矛盾而互不理睬的感觉,妈妈也不禁难受起来。虽然还是小孩子,他们也会有自己的痛苦呀。妈妈终于想到了一个好方法。

饭桌上,妈妈装做不经意的样子跟女儿讲起了自己小时候的故事:"妈妈今天看了一个电视剧,忍不住想起了妈妈小时候的事情。"

孩子不搭话。

妈妈继续说:"小彩你知道妈妈最好的朋友是谁吗?"

小彩抬起头:"明明阿姨。"

"可是你知道吗,妈妈和明明阿姨小的时候呀,可是经常吵架,还打过架呢!"

"啊?"孩子这下惊奇了,"可是你们现在是最好最好的朋友呀。"

"对啊,"妈妈这才转向孩子,"真正的好朋友是不会因为一点小小的矛盾而分开的哦。"

"那……"孩子犹豫着,"你们吵架的时候是谁先跟谁说话的呀?"

妈妈笑笑:"是我啊。"

"为什么呢?"

"因为我和明明阿姨吵架以后,我很伤心,回家哭了一晚上。后来我发现我不是因为和她吵架生气而哭,而是因为我觉得我可能要失去这个朋友了,所以觉得很伤心。一个会因为失去她而觉得伤心的朋友,当然值得做一辈子的好朋友啦。"

小彩若有所思地低下头,又不说话了。不过第二天放学的时候,妈妈从窗口看到小彩和春春又手拉着手一起回来了。

案例分析:

孩子遇到困难时,父母不妨做一下"心理换位",想孩子所想。给孩子讲讲自己童年类似的故事,在故事里告诉孩子处理问题的方法,以一个朋友的身份来体谅和关怀孩子。这样不但与孩子的距离拉近了,孩子也会把父母当朋友,增进了与父母彼此沟通感情的机会,父母也更能及时了解孩子的心理,并帮助孩子及时恢复好的心态。

5

向孩子"求助"

家里要请客,妈妈忙着作迎接客人的各种准备。这时小爱却把她的玩具洋娃娃拿出来摆了一客厅。妈妈急坏了,对小爱说:"快把你的玩具都收起来,一会儿客人来了看到家里乱七八糟的怎么办啊。"

妈妈说完就匆忙到厨房洗菜去了,洗完菜出来,发现女儿不但没有把娃娃收起来,还把她的故事书也搬出来了。妈妈正要发火,但忽然想起了什么,就把火气压下去了。她对小爱说:"女儿,咱们俩是不是好朋友?"

小爱从玩具里抬起头:"当然是啦。"

"那好朋友之间是不是应该互相帮助呢?"

"对呀。"

"那妈妈现在需要小爱帮忙,小爱可以帮帮妈妈吗?"

"好呀。"孩子的注意力被吸引过来了。

"那么妈妈想请小爱帮妈妈把厨房里洗好的水果拿到客厅里来,小爱愿意吗?"

"当然。"

"不过小爱,如果要把水果拿过来,要先把你放在桌子上的小人书收起来才行哦。还有地上的娃娃,如果妈妈想请小爱帮忙端菜的话,踩在娃娃身上摔跤了就糟糕了。"

"那我现在就把它们拿回房间去。"小爱说。

案例分析：

　　来自成年人的"求助"显然比命令容易接受得多。事实上，孩子在很多时候是可以成为父母的帮手的。他们只是缺乏在恰当的时候做恰当的事情的能力而已，只要父母加以引导，他们就可以"发挥作用"。其实，父母有时不妨真的向孩子求助，这样孩子会感觉到自己受到重视，并觉得自己的能力得到了肯定。孩子同大人一样可以做朋友，父母也需要孩子的陪伴，需要孩子的配合，需要听听他对父母的感受和意见。当父母努力成为了孩子的朋友，又把他看做自己的朋友而不仅仅是孩子时，亲子之间就真的成为平等的好朋友了。

6
跟孩子来一场"竞赛"

凌凌要参加训练班组织的英文演讲比赛,但是她第一次参加这样的比赛,没什么信心。她在家练习背演讲稿的时候,总有些句子记不住,这对一向英语成绩优异的凌凌来说,可是个不小的打击。当她再一次忘词儿的时候,孩子发小脾气了:"我不要参加这个比赛了,一点意思也没有!"

妈妈听到了她说的话,问她:"你真的这样想吗?"

"是呀。"

"你不是告诉妈妈你是你们班上口语最好的吗? 现在有一个这样好的机会,你为什么觉得没意思呢? 哦——",妈妈故意拉长了语调,"你是不是对自己没信心呀?"

"才不是呢。"孩子连忙否认。

"那好吧,"妈妈正色道,"你敢不敢先和妈妈来个比赛? 妈妈念书的时候可是班上的英语科代表哦。"

孩子不做声。

"怎么了? 不敢?"妈妈故意激她。

凌凌的好胜心一下子被激出来了:"有什么不敢的,我可是老师选出来的演讲比赛的代表呢。"

妈妈笑了:"那好吧,咱们就比比看,谁先熟练地把演讲稿背下来。"

"一言为定！"

一个星期后，比赛的时候到了。妈妈去给凌凌打气，看到女儿在台上流利地演讲，觉得欣慰极了。

案例分析：

朋友是什么？朋友是会帮助你、关心你，同时又会是和你在良性竞争里一同进步的那个人。父母就应该做孩子这样的朋友。不服、模仿、攀比是孩子的最大特点。做孩子的伙伴，就是做孩子攀比的对手、模仿的对象。父母在孩子面前要做"老顽童"，充满孩子气。父母和孩子在一起时，时刻站在孩子的角度与其交流、学习。可以和孩子一起读书看报、玩游戏，一块儿比赛记英文单词，和孩子比赛学习电脑。有时甚至可以虚心地跟孩子"请教"，孩子经常以"老师"的口气教父母，既树立了他的自信，又促使他巩固所学的知识。

7
别介意孩子拿你"开涮"

雯雯一家三口去商场买衣服。雯雯帮爸爸妈妈挑选的是风格时尚、颜色鲜艳的衣服,爸爸妈妈都觉得不能接受。雯雯说:"你们为什么不喜欢这样的衣服呀? 我觉得这样的漂亮衣服是王子和公主穿的呢。"

妈妈说:"爸爸妈妈都这么大年纪了,还穿得这么花花绿绿的会被别人笑话的。"

雯雯撇撇嘴说:"才不会呢,这么好看的衣服要是穿在爸爸妈妈的身上,街上的人一定都会盯着你们看的。"

爸爸笑了:"王子和公主都是又年轻又漂亮的啊,爸爸妈妈老啦,当不了王子和公主啦。"

正说着话,妈妈看见了两套衣服风格比较适合自己和雯雯的爸爸。刚要拿起来看,就听到雯雯对售货员说:"阿姨,这衣服是多大的啊?"

售货员说:"小妹妹,是给谁穿的呀?"

雯雯咯咯笑着说:"是给这个'老王子'和这个'老公主'穿的!"说完用手指着爸爸妈妈。

售货员笑了,爸爸妈妈也笑了。爸爸用手捏捏雯雯的下巴说:"好呀! 小丫头片子,学会拿我和你妈妈开涮啦。"

案例分析：

　　要真正拉近跟孩子之间心与心的距离，就别介意孩子跟你开的小小玩笑。孩子会拿父母"开涮"，实际上是一种完全信任的表示。因为他把你当成真正的朋友，愿意让你成为他小小恶作剧里的"主角"，这通常是他对最知心的朋友作出的友好表示。这个时候千万不要拿出所谓父母的"威严"，这只会将你和孩子之间好不容易建立起来的亲密关系轻易摧毁。而孩子从此会对你失去信任，他将不会再和你平等地对话，而父母也再也无从走进孩子的内心世界。所以有时对孩子不妨"纵容"一些，其实这些无伤大雅的玩笑，也不失为家庭生活中的乐趣。

第十一章

以根本上改善样子国不身转姑

1
不要迁就孩子的不合理要求

（1）宽容但不纵容

宽容是有度的。宽容错误绝不是纵容孩子犯错，更不是对孩子的错误视而不见、听而不闻、不管不问。

应该说宽容孩子的错误是指在掌握了孩子成长规律和懂得教育规律的基础上，对孩子的错误不大加声讨，不苛责学生，以一颗平常心来看待这些错误。人非圣贤，孰能无过？作为成年人尚且犯错，何况是孩子呢？孩子不是完人，更不是超人。犯错误应该是孩子的一种权利，是人成长过程中的必然现象。而且从某种意义上讲，成长的过程就是犯错改过的过程。犯错误并不代表一无是处。在严格要求的前提下，对犯错误孩子的理解，给予充分的信任，给予充分的反思时间和悔过自新的机会，可以调动非智力因素，以达到让孩子进行自我教育的目的。凡是犯过错吃过亏的地方，孩子大都积累了教训，对以后的行为能起一种规范和警戒的作用。

当前，多数家庭都是独生子女，关爱、宽容、溺爱弥漫于孩子生活的整个环境。但我们也不难发现，这些孩子缺少了他们父辈的那个年代所具备的良好品德。有不敬长辈的，有逃避学习的，有只图享乐的。对这些不良现象，家长没有必要都一味地宽容，不能姑息纵容孩子的缺点错误，要

让孩子健康成长,但绝不能一味迁就迎合孩子。

(2)改变孩子的任性性格

当前由于家庭中一般都只有一个孩子。长辈们如爷爷、奶奶、姥爷、姥姥爱护备至,造成孩子极端任性,有"小皇帝"之称。这很不利于孩子的成长。怎样改变孩子的任性性格呢? 日本的家庭教育专家为我们提出了这样十项措施:

①首先要弄清楚孩子较听谁的话、较怕谁、最不怕谁、最不把谁的话当回事,从而决定由谁来扮演"强硬角色",迫使其就范。

②把孩子不讲理或出现不适当行为的情况一一列出,不要给他机会乱发脾气,借题发挥或故意闹事,提出不正当的要求等。例如,他想不洗手就吃饭,家长可以先让他洗手,然后再把桌子摆好,把饭菜端上来,等等。

③管教这类孩子需要较长时间,不要设想几句话等简单对付就可以完成。时间不够时,不要说狠话,如"看我不收拾你"之类的话,因为你没有时间与他耗下去,他会觉得你说话也只是吓唬。要找一个稍长的时间认真解决。

④每天找出一个固定时间,单独与他在一起。例如早上叫他起床、洗漱,晚上送他入睡,原则上,旁边不能有第三者(如奶奶等)。

⑤叫孩子做什么事之前,让他先知道原因和理由,最好等他亲自点头答应。不要临时叫他做这做那,更不要临时改变对孩子的安排。

⑥不论在家还是外出,当孩子哭闹时,大人不能让步,要显示出你不怕他哭闹。在家时,孩子若是哭闹,你不要理他,宁可明天早晨向邻居道歉;如果在外边,孩子若是哭闹,你也不要理他,不要在乎路人观望的目光。

⑦当孩子动手打人后,大人一定让他有同样的疼痛感,不能只用嘴巴批评。例如,他公然打别人(小朋友、长辈)几次,你就打他几下;他私下打别人几次,你就私下打他几下。原则上,大人不要在气头上打小孩,而是冷静地打,把打作为一种辅助教育方式。打他之前,告诉他要打他几下,

让他体验感觉。切记不能乱动手打孩子，更不能打得过重或造成伤害（此方法供参考，但以不打为好——编者注），不要伤害孩子的自尊心。

⑧不要说任何你做不到的事情，不要承诺任何你做不到的事情，必须让他相信你说的话。例如，你明明有时做事不很公正，就不要处处当孩子的面标榜自己"一向公平"。

⑨家长要耐心等待孩子伤心、难过或失望的时机，这个时候是他最脆弱的时刻。不论你有多忙，那一时刻也要充分抓住。我们要在他失控的时候，守候"重建信任关系"的机会。

⑩孩子有时故意考验家长的耐心，看你是否真心爱他，无条件帮助他。有时他故意制造出一些难题，看你是否翻脸，是否迁就、纵容他。家长要识破孩子的这些"小把戏"，始终坚持原则，真心地爱他。

2
培养孩子自制力，
纠正孩子的无理取闹

我们经常可以看到：孩子玩着玩着就会大发脾气，那大人就要对孩子进行批评教育，使孩子明白发脾气是达不到目的的。

大家知道，幼儿往往要依靠成人的帮助才能完成对需求的实现。但总有一天，他会长大，他需要靠自己的努力来实现目标。当孩子无理取闹时，我们可以对孩子讲道理，告诉孩子：遇到不顺心的事要心平气和地向大人说出来，不能乱发脾气。

当孩子想让你给他买一盒彩笔的时候，你可以很委婉地告诉他：也许要等下周妈妈拿到薪水才能买。让他知道：任何东西都不是轻易能够得到的，需要时间、需要劳动、需要等待，并不是大声地哭闹而得来的。

当孩子想去郊游时，你也可以微笑着对他提出一些条件，让他知道：我的努力可以为我争取机会。如果孩子在这时发脾气，全家人都不理睬他，让孩子知道发脾气是没有用的。

当然，有的时候孩子会发脾气是因为他们生气或受到了挫折，不知道该用什么方法来表达他们的感受。但绝对不要对无理取闹的孩子投降，无理取闹就像表演独角戏，需要有观众才能生存，观众不见了，表演就会

很快结束。

孩子2岁以前，家长就要做好心理准备，随时和孩子的无理取闹奋战。这就是大家常说的"恐怖的两岁"。

(1) 不打不骂效果佳

常常因为对一些事件的不满反应，孩子会跺脚、大哭、躺在地上、拳打脚踢，当众上演一部惊天动地的大戏。虽然这时你会怀疑你那个漂亮的宝贝什么时候变成不可理喻的魔鬼了；你也想握紧拳头，大力挥舞、高声咆哮。但请千万别那么做，保持冷静，自我控制。事情过去之后，你会觉得其实没那么可怕。面对孩子的无理取闹，可将他们留在原地或带到他自己的房间，放在椅子上、地上或床上，然后就离开。不要关门，不要对他大声说话，不要生气，更不对他粗手粗脚。只要很平静地告诉他等他不哭不闹了再来找他。没有了观众，他很快就会停止哭闹。当他平静下来后，你就要告诉他应该怎样表达自己的情绪或想法。以后，就不要再提这件事了，为他找别的事做。家长们切记，绝对不要在他发脾气时或之后马上给他糖果或饼干吃，因为孩子会把这些看成是奖品，以后会故伎重演。这是家长们最不希望看到的。

如果你的孩子发脾气时拳打脚踢，你怕他会伤到自己，这时，你只要轻轻抱住他，直到他安静下来。假如事情因一块糖或一件玩具、衣服之类而起，就把这样东西拿走，最好一整天都不要让他再看见，第二天他就会忘记了。

(2) 应付哭闹有一套

如果孩子在超市里发脾气，马上把他带到外面，让他冷静下来然后再领回去购物。千万不要把购物的事改到另外一天做。等孩子冷静下来，你就告诉他你们今天要做的事情，如买菜时，征求一下他的意见，或请他帮忙做一件事。事情做完，他可以得到糖果或玩具奖励。千万不要因为孩子在公共场所吵闹，就对他百依百顺。大家都有过孩子在公共场所大声尖叫吵闹的经历，如果这时你处理得当，大家都会对你赞赏有加，并为你加油。

另外,在超市或商店里,孩子坐在推车上试图引起别人的注意,有人好意地给他一块糖,你要立刻谢谢这个人,并把糖接下来,但要告诉孩子等一会儿再吃。

(3)冷战手段不要怕

冷战就是孩子躺在地上,把脸埋在下面,不愿意站起来也不愿意离开。这种发脾气的方式通常不会在家里上演,很多孩子似乎比较喜欢把这种珍贵的镜头保留在公共场合。处理这种表演最好是叫他站起来,对他的反应不回答。你还要冷静地告诉他你要回家了,如果他想回家就跟妈妈一起走。他对这种要求的回应要不就是像石头般的沉默,要不就说"不要"。如果他正好躺在过道的中间,或是让众人出入不便的地方,你要简单地说"我要把你挪到一边去,因为你挡住了大家的路"。挪完之后告诉他"我现在要回家了,再见"。然后你就走到几米之外的地方稍微躲起来,但要能看见他。这样30秒钟之后,当他抬起头来找你时,他看不见你,就会站起来,这时你就走回去把他带走,一起离开。

那么,如何避免孩子无理取闹呢?

①尽量不要让孩子太累了,要让他们按照固定的作息时间睡觉、玩耍。

②让孩子按时吃饭、定时喝水,特别是带他们外出之前,要记得带些他喜欢吃的点心。

③如果你觉得孩子生病了或是感觉不舒服,就取消出门的计划。

④不要对他的每个要求都说"不可以",可适当满足一下他的愿望。当然该管教的时候还是要说"不可以"。

今后的世界对孩子的诱惑很大,如果他有一条可以令自己迈过种种坎坷的路,那他就不会轻而易举地无理取闹。那么我们的延迟满足也就会达到效果了。慢慢地孩子会成长为善于自我控制、理解他人,并富有同情心的人,这也是天下父母们的共同愿望。

3
不要让孩子用哭来达到
自己的目的

（1）孩子大哭大闹原因多

有的孩子发起脾气来，喜欢大哭大闹，令家长们束手无策，只得以满足孩子的不合理要求而结束。久而久之，孩子便学会了利用发脾气来控制父母，这对孩子良好个性和行为的培养十分不利。

父母之所以感到对发脾气的孩子难以处置，是由于不了解孩子发脾气的不同原因，如果了解了原因，并针对原因来找对策，情况也许就会好得多。

原因之一：为了达到目的。如果得不到某种玩具、食物或外出游玩的机会等，就会通过哭闹来达到目的。孩子之所以这样做，是因为以前有过成功的先例，所以孩子若是第一次出现这种情况，就必须坚决制止，绝不姑息。若已形成了习惯，要纠正也不算晚，方法是对孩子不合理的要求不能满足，坚持到底。对孩子的哭闹在说服无效的情况下，可采取"忽视"的办法，即任其哭闹。孩子有了几次"失败"的经历后，这种习惯会慢慢消失的。

原因之二：逃避责任。孩子犯了错，怕受到父母的责罚，就以哭闹来转移其注意力。对这种情况要区别对待：若是孩子无意中犯的错，父母就不必责怪他，告诉他下次注意即可，若是有意犯的错误，则还是要进行批

评,让他认识到哭闹并不能逃避责任。

原因之三:吸引父母的注意。有时父母正在忙于别的事,孩子感到自己受到冷落,也会借故哭闹。这时如果有可能的话,父母可以暂时放下手中的工作,陪孩子玩一会儿。

原因之四:受父母影响。如果父母的脾气本来就不好,孩子也不会好到哪里去。此外,父母教育态度不一,一个管教,一个袒护,这会使孩子觉得有了"靠山",也会出现无所顾忌、动辄哭闹的现象。对于这种情况,就只能要求父母首先从自身做起了。

(2)安抚正在哭闹的孩子

很多正常可爱的学前孩子在遇到不顺心的事生气,或达不到目的时会大哭大闹,大发脾气,怎么办?别理他,也别让步。如果他在外面当众发作,使你恨不得钻到店铺里的柜台下面躲起来,也真想就依了他算了,但你必须忍耐,等他发作过之后,夸奖他终于能控制自己了。注意:偶尔哭一哭闹一闹不算是发脾气,应对的方法跟大哭大闹不一样,如果你的孩子每天哭闹上两三次,就得请教专家了。

(3)避免问题发生之道

①教孩子应对挫折与愤怒。做给你的孩子看,大人们在遇到挫折或烦恼时除了大吼大叫之外,都是怎么应对的。当你把肉烤焦了时,不要气嘟嘟地把烤成焦炭的肉丢进垃圾桶乱摔锅子,而是可以这样说:"真糟糕!不过,我有办法,让我想想看冰箱里还有什么可以弄来当做晚餐吃。"如此使孩子懂得遇到问题时应该想办法解决问题,而不是发脾气。

②孩子应对得当就予以嘉许。留心孩子的行为,应对得当就予以嘉许。如:孩子在玩拼图,太复杂了,自己拼不出,要求你的帮忙,你就该夸奖他处理得当。在孩子遇到挫折时冷静地帮他解决,可以使他觉得自己很不错,以后他会继续采用同样自我解决问题的方式。告诉他你知道他在拼图拼不出时的感受,不过你以他能承受那种挫折感为荣。

③游戏的时间并不是独处的时间。不要老是让孩子一个人玩。如果他觉得乖乖地一个人玩,爸爸妈妈不在身边,他就会想法使"坏",以便把

你引回来。

④不要等到他叫你。如果你注意到他所玩的或吃的有了困难，不要让他为难太久，发觉他不能解决就自告奋勇伸出援手来："我想这块该放在这里"，或"让我们这样做"。做给他看，告诉他玩具怎样玩，然后让他自己把工作完成，使他觉得能让别人帮忙也是很棒的行为。

(4) 解决问题之道

①不理会他的哭闹。什么也别做，让孩子知道哭闹既不能引起你的注意，也不能帮他达到目的。可是如何做？在家里时，走开，不要看他，把他关在他自己的房间里，或是把自己关在房间里。如果他发疯般哭闹，会破坏东西，或伤害他自己，此时要把他关在安全的地方；如果在公共场合，把他关在车子里，只要他还在哭闹，绝不理他，连看也不看一眼，虽然难以办到，也要勉强为之，试试看找点别的事忙忙。

②要坚持。虽然孩子发脾气的威力强大，又是尖叫又是跺脚、捶打桌子，你必须坚持原则，表示你有能力应付情况。告诉你自己教他知道不能事事要怎样就怎样是重要的，他必须学着懂事点，而你必须学着坚持原则，而且给孩子一个限定，要他知道什么行为可行，什么行为不可行。

③尽量保持冷静。告诉你自己："这算不了什么，我能处理，同时教给他自我控制，他只是想把我弄烦以得逞。"冷静地不理会孩子将是他最好的榜样，忙你自己的去吧！

④赞美他。待暴风雨过去，立即夸奖孩子终于能控制住自我，而且与他开始另一种不会有挫折感的游戏。对他说："真高兴你现在觉得好多了。我喜欢你，不过不喜欢大哭大闹。"由于这是你对他的哭闹首次发表意见，会帮助他了解你刚才不理会的是他的哭闹，而不是他本人。

⑤事先说明。孩子在超级市场里看到他首次要买而你不答应的小汽车又提出要求，这次你想买给他，不过必须予以说明。告诉他："记得你上次在这里的发脾气吗？这次如果你乖点，好好跟着我不乱跑，我会买给你。"这可使他了解并不是他上次发脾气使你改变主意，你要买给他是由于别的理由。如果你愿意，把这理由告诉他更好，如果理由是由于他某种

表现好,就更要让他知道了。

(5)不要做什么

①不要跟孩子讲道理。在他正在哭闹时跟他讲道理是浪费唇舌,他不会听的——他正在表演呢!你的劝解、讲道理只有使他更起劲,因为他已得到他想引起的注意!

②自己不要也大发脾气。你大发脾气对孩子等于是火上加油。

③不要贬低孩子。不要由于孩子发脾气就骂他是坏孩子,说他:"坏孩子,难不难为情?"他会因之失去自尊,感到是自己不配得到他想要的。

④不要做历史学家。不要在事后向他提及他的发脾气,因为这就是对这件事予以再度的注意,增加其再发脾气的机会。要知道,这可以使他成为谈话的中心。

⑤不要再处罚。如果在孩子哭闹之后不理他,只有引发他再次地哭闹,不要因为已经过去的行为使孩子觉得你不爱他了。

4
纠正孩子乱发脾气的坏毛病

　　许多父母常会为了宝宝的闹情绪,而伤透脑筋。面对孩子不当的行为、举止时,做家长的应先了解其原因,再以适当的方法处理。但如果孩子以丢东西、打架等方式,达到自己的目的时,父母就需适当给予处罚,让孩子了解他的这些举动是不对的。

　　(1)规劝

　　表现:与同伴吵架、抢夺玩具等。

　　方式:先放下手边的工作,并走到孩子身旁,让孩子知道你正在注意和关注;然后询问孩子争执、吵架的原因,并耐心听完孩子的想法;灌输孩子打人、抢夺是不正确的行为和观念,并要求孩子学习说"请"、"谢谢"、"对不起"。

　　建议:不要用很大声音去压住或威胁孩子;不要直接将孩子拉开,然后大声训斥孩子不是;言语间避免伤孩子的自尊心。

　　(2)打手心

　　表现:打架、乱丢东西等。

　　方式:用报纸制作一纸棒,外观可包上一层包装纸;赋予它一个名称,如警惕棒、严肃棒等;放在固定的地方作为警惕。

　　建议:在心情好的时候制作,可与孩子一起讨论制作警惕棒的原因;

处罚孩子时,先让他说出自己错在什么地方;提醒处罚的原因;注意安全问题,打的部位以手心、屁股为主,其他部位则应避免。

（3）罚坐

表现:吵闹不休、吵架等。

方式:在处罚区上摆上软垫或一张椅子,可取个名字;准备闹钟或时钟,计算好处罚时间。

建议:处罚地点不正对大门、不在太明显地方;限制处罚时间,或让孩子提出处罚多久的时间;处罚完后,让孩子说出今天被处罚的原因。

（4）帮忙做家务

表现:乱画,乱丢东西、玩具等。

方式:准备一条抹布和扫把、盆子等清洁用具,让孩子学习清理和养成整洁的习惯。

建议:父母应随时注意孩子的安全;较小的幼儿可由父母一起带领做家务;训练孩子养成物归原处的习惯;询问孩子在帮忙家务时学习到了什么。

（5）排豆子

表现:针对耐心不足,乱丢东西等情况。

方式:准备一个盒子、盘子,里面有红色、绿色等彩色的珠,几个塑料罐子;让孩子在处罚桌上,将各种颜色的珠,摆放在正确的位置。

建议:如果孩子本身很叛逆,视情况针对孩子所犯错误来处理,可先罚站、罚坐再处罚;此目的在于训练孩子养成物归原处的习惯;可训练手眼协调、分辨能力;完成后,让孩子知道被处罚的原因。

（6）禁止某些权利、要求

表现:不爱刷牙、挑食、乱丢东西等。

方式:将孩子爱吃、爱玩的东西暂时禁止碰触,作为惩罚。

建议:不以威胁、愤怒的态度大声对孩子说;让孩子知道禁止这些权利的原因,当孩子日后表现佳时,恢复其权利,把握原则、控制情绪。

家长对待一个爱发脾气的孩子,首要的原则是一定要坚持不让他因

发脾气而得逞。如果孩子是因为要得到某些东西被拒绝而发脾气,就绝不能让步,即使在他停止哭闹以后,也不能给他所想要的。这样做是教导他发脾气和大吵大闹,并不能产生任何效果。孩子发脾气也可能是因为他做错了事,为了逃避惩罚就先发制人,以眼泪博取父母的怜惜。这时父母不该责骂他,要先安慰他让他稳定情绪,使他承认过失,再告诉他不可再犯,并指出哭是逃避问题,不是解决问题的办法。另外家长也要知道,孩子与成年人一样,有时也需要用发脾气来平衡情绪,所以就让他舒展一下也无妨。过分在意孩子的情绪,结果会宠坏了他,过分压抑则令孩子得不到自然发泄反而不妙。

5
改变孩子蛮不讲理的处事态度

壮壮已经 6 岁了,脾气却很坏,稍不如意,就大吵大闹。经常挂在嘴边的几句话是"不","不要你","不跟你玩",如果他的要求得不到满足,动不动就会摔砸东西。自从他会摔东西之后,父母买了七套茶具,如今只剩下一个不锈钢的杯子了。家里的茶几也被他砸烂,遥控器也不知被他摔到哪去了。

大体上,3 岁以后的孩子开始有独立的愿望,并萌生自我意识。他们不愿事事受父母的管束,对父母的包办或摆布产生反感。当大人不满足他们的要求时,他们就会把内心的不满毫无保留地发泄出来。另外,孩子只不过刚刚具备了一些初步的简单的生活知识和生活经验,对大千世界发生的形形色色的事情还不能理解。他们要独立,却又做不好。这种情况下,他们会因为达不到目的而发脾气。

孩子不善于用语言表达,有些事情他们还说不清。因而在大人坚持要他做不愿做的事、或大人坚持不能允诺他们的要求时,他们就会用发脾气来宣泄其压抑的情绪。

人小脾气大的孩子,除了脾气倔之外,还有点"小聪明"。他们能摸透大人的心理,也掌握了一套规律:只要先撒娇,再磨缠,最后向大人发一通脾气闹一番,什么目的都能达到。

孩子发脾气、耍赖,原是作为要挟大人的手段,并不希望太过火。可

是,脾气一发,过分的兴奋就像决堤的洪水,奔腾呼啸,理智丧失,任凭情绪左右,只顾撒野,一点余地不留。过后,虽然愿望达到了,但对自己发脾气时的那种诸如以头撞墙、摔坏心爱的玩具的行为却也感到后悔,甚至内疚。同时,尝到了对自己行为的无可奈何的滋味,也体验到自己的无能为力,于是,他们会感到自卑和痛苦。

因此,对大发脾气的儿童,家长应坚持两个原则:

一是绝对不要斥责或体罚孩子。

二是紧紧拖住孩子,不要让孩子撒野、毁物和自毁。

第一个原则之所以重要,是因为斥责等于火上加油,适得其反。特别是家长火冒三丈、怒不可遏的样子,等于是孩子发脾气的"榜样"。须知,柔能克刚,而刚却克不了柔。

第二个原则的着眼点,在于用骨肉之情和善良的愿望,帮助孩子控制难以自制的情绪,让他一动不动地坐上 5 分钟,爆发的情绪就会平息下来。

待孩子发过脾气后,应同孩子谈心,教育孩子认识发脾气的危害,学会以理智驾驭感情。平时,对孩子提出的合理要求应主动地给予满足;而对不合理的要求坚决不能满足,怎么撒野也不行,让孩子明白:凡事必须讲道理,无理寸步难行。

对人小脾气大的孩子,父母教育的口径必须一致,切忌南辕北辙;教育务必坚持,坚持一段时间,情况就会好转。

孩子生过病后常会"长脾气"。家长应该注意,即使孩子在病中也不要无原则迁就。在孩子哭闹的时候大人坚持原则很有必要,但不能让孩子一直哭闹,这样大人孩子都受不了,要及时转移他的注意力。这么小的孩子,在他大哭大闹的最高峰过去后,带他看看外面的车、小动物等东西,让他恢复情绪。

家长对孩子的要求要作正确的分析,该满足的正当需求应给予充分满足,对不适合的需求则要讲清道理。在孩子情绪波动听不进话的时候,要给些时间让他冷静下来,然后再讲清道理。千万不要在对孩子愿望不了解的情况下,自己先发火,更不要将自己的愿望强加给孩子,造成孩子的对抗情绪。希望父母多尊重孩子,多理解孩子,多与孩子沟通,少用家长的权威。